バラツキの対処法

How to deal with variance

対処法

品質 を最大限に引き出す数学

小池 伸 著

技術評論社

まえがき

　私は、確率統計の専門家ではない、数学の専門家でもない、自動車の設計者であり、過去のいくつかのシステムや部品の製品設計、不具合対応や品質管理における経験に基づいてこの本を書いている。そんな専門家でもないものが、バラツキや数学の限界を語るなどおこがましいことであるが、これから説明することは私が過去に行ってきた独自の設計方法とその考察を反芻してきた結果で、これによって設計された製品の性能や安全性、信頼性といった様々な品質におけるベンチマーク結果や、その理屈から考えて、既存のいかなる方法と比べても優位性があるものだと思っている。例えば、同時期に製品化された類似のハードを使った他社のシステムと比較しても、この方法さえ使えば性能において差別化できると確信できるものであった。製品化後の安全性や信頼性においても、**従来設計の何倍も攻めた性能であるにもかかわらず、ギリギリのポイントが見えていたので品質問題を起こすことはなかった。**しかし、過去にはそのような成果をもたらしてきた設計方法についてはほとんど理解されることはなく、シンパを広げようとして頑張ってきたが、その時点では技術としても未完成で、他の人が実際に応用するには敷居が高く、本質を理解してくれる人も少なく、そもそも業務では深堀して要素開発を行うことが許されなかった。

このままでは、技術として消えてしまうのがもったいなかったので、仕事が終わってからの業務外で少しずつ技術の考え方を整理して、間違いを改善し、新しく再構築、体系化させて、多少使いやすくなってきた。少しずつでも長い期間継続して開発を進めることでなんとか発表できるレベルになってきて、情報関連の学会で受賞する機会もあり、一般に公開するなかで、これを使いたいという人たちも増えてきたので、状況を打開するために、必要な説明やツールをそろえて、広く日本中の人たちに使ってもらうためにこの本を執筆することにした。

　したがって、これから書く内容は確立された数学や確率・統計の理論に基づくものではない、未完成の部分が残っており、弱点もあるかもしれない、改善の途上にある技術である。それでも、**既存の方法では見えていない誤差を改善できる**ので、良いものを開発するためには避けて通れなくなるだろう。したがって、多くの人や企業の役に立つ技術と思っている。開発途上の技術であり、改良の過程であることを承知のうえで、この方法の考え方を正しく理解したうえで活用してもらえると嬉しい。**この技術によって、数学の基本的な部分に対して現実に即した改善・拡張を行うことで、はじめてバラツキを厳密に扱うことが可能になり、広く活用されることで多くの産業の生産性や競争力を向上させることができると考えている。**

2023 年 1 月　小池 伸

> 本書における「電卓」は、一般的な電卓で使われる数値を分布に変えただけというイメージで使っています。

目　次

第 0 章

バラツキの重要性

　製品開発や生産技術に携わった経験がない人にとってはバラツキの重要性は実感として理解できないかもしれない。この章の前半は、そういった人たちにバラツキに対する対応がなぜ必要なのかについて理解してもらうために、私の経験を述べたものである。

　後半では、この本で説明する方法で設計を行うようになった経緯を述べている。興味があれば読んでほしい。

0-1 品質とバラツキ

　本章は、学生や、経験の少ない技術者、事務系の方など、製品開発や生産技術に携わった経験がない人にとってはバラツキに対する対応の重要性は実感として理解できないかもしれないと思い、バラツキに対する対応がなぜ必要なのかについて理解してもらうために、私の経験を述べたものである。バラツキに対する対応の必要性を十分理解しており、もともとバラツキを深く理解したいというモチベーションがある人は読み飛ばして、次の1章から読んでほしい。

　モノやサービスを提供する多くの企業にとって、その企業の存亡に影響を与える重要なことのひとつとして、提供するモノやサービスの性能や安全性、信頼性といった様々な品質がある。企業によってはさらに重要なこととして、モノやサービスをどのように安価に広く普及させるかといった戦略の方が重要な場合もあるが、品質が悪いものを普及させられることは多くのお客様にとって不幸である。近年、お客様の企業を見る目は厳しくなってきており、品質に関する様々な体験情報が共有されるようになり、レベルの低い製品は選別されるようになってきている。したがって、長く生き残り、価値があるモノやサービスを提供し続けるためには、やはり品質は基本となるものである。

筆者は、過去に様々な製品の開発や、他の人が開発した製品の不具合の調査・改善や、筆者の属する領域の品質管理などを経験してきて、様々な品質問題を現場で学んできた。その中で最も多くの品質問題を起こす共通の原因は、それを設計・開発・評価する担当者やマネージャーが、それぞれのプロセスにおける従来の開発に対する変化点の想定不足によるものだと考えている（図 0.1）。

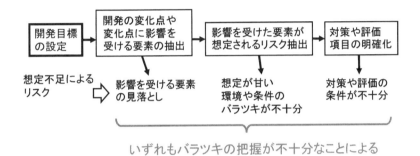

　▲図0.1　不具合が発生するプロセスの想定不足

　もちろん決められたプロセスをルール通りに行っていれば発生しなかったポカミスのような問題も多い。しかし、ルール通りに行わなかったこと自体、経験不足の担当者が事前にルールに関する十分なレクチャーもなしに知らずにやらかしたことが多く、これも経験不足の担当者に任せるという変化点に対する上司や先輩の想定不足だと考える。ルールとは、例えば、コピーミスを防ぐためのダブルチェック、手作業のミスを防ぐためにツールを使う、メモリ外アクセスやオーバーフローに対応する、コーディン

グルールに従うといったことを示す。

　その想定不足というのは、ほぼ、バラツキの把握ができていない状態と言い換えることができる。例えば、先ほどの経験不足やルールを知らないことによる不具合というのは人の持っている知識のバラツキをマネージャーが把握できていないことに起因する。この本で述べることは、製品などの技術的なバラツキに関することなので、人の能力やマネージメントのバラツキについてはこれ以上述べないが、品質問題を起こす場合のほとんどがバラツキの把握不足と考えている。実際に品質問題を発生させる要因としては、人の経験や知識のバラツキの他にも、製品が使用される環境のバラツキや、構成部品の特性バラツキ、使われ方のバラツキ、など様々な場面での想定不足によるものが多く、想定しなかった環境によって想定しない条件があり、まれに起こる条件で部品が想定外の動きをすることや、ユーザーが想定しない使い方をすることで想定外のことが起こるといった、様々なバラツキの把握と対応ができていないことで不具合が発生する。

　以上のように対応しなければならないものやことを挙げればきりがない。しかし、そういったことに手を抜いて、そのバラツキの想定不足により不具合が発生した場合、多くの場合、関係する多くの人たちの仕事が止まり、対策や再発防止のために多大な労力が投入されることになる。そういった想定不足に対して多くの人たちが行ってきたことは、発生した事例を蓄積して、同じことを起こさないよう

にチェックするという仕組みを作ることだ。しかし、それも現実には蓄積した事例がある程度以上多くなるとチェックしきれないし、全体のために作ったチェック項目は多くの場合抽象的過ぎて個別の部品やシステムの役に立たない、というのが多くの企業にとっての現実だと思う。

　以上のように様々な場面や環境を想定してバラツキを正確に把握することが品質の向上につながると考えていたので、筆者が過去に開発担当者だったときにやってきた製品のバラツキに対する独自の対応がある。できるだけ多くの場面や環境や条件で製品を使いまわし、そのデータをできるだけたくさん蓄積して、データを使ったシミュレーションで問題点を抽出することや、様々なパラメータのデータを正規化したうえで分布として設計や解析で活用するという方法を行ってきた。
　例えば、システムや部品の品質を確保するためには、既存のシステムやプロトタイプのインプットデータを蓄積して、そのデータを使って開発するシステムのハードやソフトのシミュレーションを行い、アウトプットをチェックすることでバグや問題点を抽出したり、性能や安全性、信頼性といった様々な品質のバランスをデータに基づく分布を使って設計する（図 0.2）。これは、過去の知見をデータとして蓄積することになり、再発防止になっていることや、十分なデータがあれば問題点の洗い出しになることで役に立っていた。このシミュレーションによって問題点を抽出するということは、ここ十数年で誰もが行うようになり

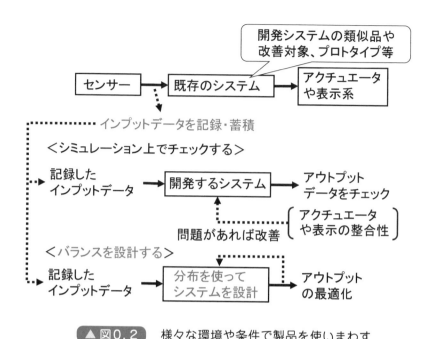

▲図0.2 様々な環境や条件で製品を使いまわす

一般的になってきた。これを始めたころはデータを集めることが大変だったが、今では、開発時にプロトタイプによって大量のデータを集める仕事の仕組みや、市場からデータを収集する体制が整っている。それでも、バランスを設計するという部分はまだ一般的になっていない。このデータから作成した分布を使ってバランスを設計するということが、本書で説明する主要なポイントである。また、多くのバラツキをデータとして解析する中で、どんな時に、どんな事が起こるのかという想像力を養うことになり、そのことが様々な想定外を想像する訓練になっていくと思う。想定外を想像して課題に対応する力こそが、多くの仕事において最も重要な能力であり、良い設計や解析を行うために必要な能力ではないだろうか。

0-2　バランスの設計

　実環境で測定したデータに基づいて分布を作成して、そのバランスを設計するのは、システムや部品の設計において多く存在する背反事項を扱うためのベストの方法だと思っている。例えば、筆者が携わってきた自動車の運転支援や先進安全という分野は、様々なセンサー技術や車両制御によって運転を楽にすることや、安全にすることに貢献してきた。ところが、こういったシステムはドライバーが意図したように作動してくれれば問題ないが、様々な複雑な環境要因などによってそうでないことがまれに発生する。

　例えば、運転中に何らかの危険があり、ドライバーが減速しそこなったときに自動ブレーキを作動させるというシステムがあったとする。本当に危険があるときにだけ作動してくれれば良いが、作動すべきかどうか微妙なときに作動したり、作動してほしいときに作動しなかったり、という可能性を十分検討して対応しておく必要がある（図0.3）。このブレーキを作動させるという制御は、様々なセンサーのアウトプットが実環境においてどのようなバラツキを持つかといったことを十分なデータを集めて設計する必要がある。意図しない場面で作動してしまうと、安全のためのシステムが事故を誘発する可能性がある。逆に、作動してほしいときに作動しないことがあれば、お客様の期待を裏切る粗悪品である。そのようなことがないように、全ての

ブレーキを作動させてほしいとき

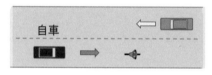

このままでは
自転車に追突

ブレーキを作動させてほしくないとき

自転車は普通に
よけることができる

▲図0.3　バランス設計の対象とする場面の例

技術者や関連企業は努力を積み重ねてきた。万が一、そのようなことが起こった場合、ひとつひとつ対策して改善している。筆者は、かつてそのような必要にせまられたときに、実環境においてできる限り多くのデータを取得してそれを分布として活用することで、作動と否作動のバランスを設計するということが有効であると実感したことがある。何十年も昔には、今では考えられないようなセンサーで過剰な機能が求められ、お客様に迷惑をかけたくないという思いでバランス設計を駆使してシステムを成立させてきた。製品化後に当時競っていた他社のシステムをベンチマークしたことがあるが、競合のシステムは、やはり意図しない場面での作動を危惧して、ほとんど機能しないものであった。筆者が設計したものは、ギリギリのバランス設計ができており、それなりに機能したので、新しいセンサーが開発されるまで全ての車種に広がっていったが、同

種のシステムを製品化した企業のうち、成功したところはない。

　最近では、センサーが複雑な環境を認識できるようになり、性能が向上したことで、制御に利用できる情報も増えてきている。そのような状況では、思いもよらない原因によって想定できないことが発生することもあり、まれに発生する大きなバラツキを考慮することはかなり難しい。そのためにも十分なデータを蓄積して、それを有効に活用できる企業が勝ち残っていけるのだと思っている。

　本書では、システムに加えてソフトやハードにおいて、大きなバラツキがある設計例をいくつかピックアップして、そのバランス設計を行った具体例を示している。全体のストーリーは、その具体例を3章で概要を説明して、4章以降で、そのために必要な要素技術を説明していく。最後の11章で、その要素技術を使った設計例を演算方法として説明する、という構成になっている。興味を持って本書の内容を習得してもらうために行ってほしいこととして、みなさんが扱っているものごとの中にはどんなバラツキがあって、それを厳密に対処することができれば、どんなメリットがあるか、想像してほしい。想像力は、レベルの高い仕事を行う重要なモチベーションの原因だと考えている。バラツキが大きいと、それをまともに扱うことを想像もしないで、安易な設計にとどまっていることも多い。しかし、そういったことを厳密に扱うことで大きな改善につながることも多い。

この章のまとめ

☐ モノやサービスを提供する企業にとって、品質は企業
存続のために最も重要なテーマで、今後消費者の知識
が共有されることでさらに重要になっていく。

☐ 担当者が品質を改善するために最も重要な能力は、モ
ノやサービスの市場不具合を事前に予想する想定力で
ある。その想定力は、市場環境や部品特性、使われ方
などのバラツキを把握することと同じである。

☐ バラツキを把握するためには、できるだけ多くの場面
や環境や人に製品を使ってもらい、そのデータを蓄積
して、そのデータを使ったシミュレーションで問題を
抽出することと、データから作成した分布によって
様々なバランスを設計することの2つが役に立つ。

☐ データを使ってシミュレーションで問題点を抽出する
ことは良く行われるようになってきたが、データを
使ってバランスを設計することはまだあまり知られて
いない。本書は後者のやり方を説明するものである。

第 1 章

数値演算の限界

　この章では、バラツキの対処方の概要と、どのような
バラツキの違いが性能や安全性、信頼性といった様々な
品質に影響を与えるのかについて説明する。そのため
に、既存のいくつかの手法の問題点や、通常の数値演算
に抜けている機能を明らかにして、その対策方針につい
て説明する。

　この後、2章では、既存の方法を使った様々な工程で
の問題点を説明して、3章で、具体的な対策のポイント
について説明する。

1-1 バラツキ対処法の目的・概要

　これから説明する技術はバラツキを扱うが、既存の確率・統計や数学とは異なる。オーソライズされた既知の理論的バックボーンがある技術ではないが、実際の開発においてバラツキ対処法を使うことで実現できた性能や安全性、信頼性といった様々な品質は、既存のいかなる方法より優位性があると思えるものだったので、長い時間をかけて理論を構築してきた。これまで実践してきたベース技術は、広くあらゆる業界で、誰にでも使ってもらえるものなので、手法として再構築して使いやすく整理したものをご紹介する。どのような手法かを大雑把に言うと、数学の演算そのものを拡張して、確率・統計を包含する機能を持たせて、その拡張した数学によってソフトやハードの設計計算を行うものと考えてもらえばよい（図1.1）。

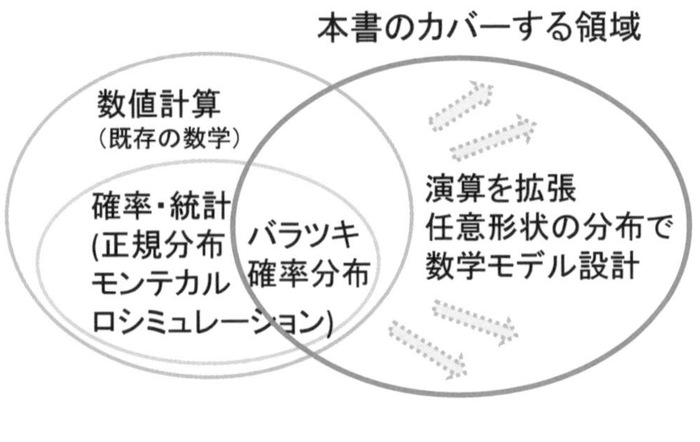

本書のカバーする領域

数値計算
（既存の数学）

確率・統計
(正規分布
モンテカル
ロシミュレーション)

バラツキ
確率分布

演算を拡張
任意形状の分布で
数学モデル設計

▲図1.1

したがって、みなさんが行っている簡単な設計計算から、モデル設計、解析などで使う複雑な数値演算まで、多くの数式をそのままこの手法に置換えることができる。そこで使われている数値やベクトルを確率分布に置換えて、同じ数式を使って演算を行い、結果として正確な設計や解析を行うことができる（図1.2）。

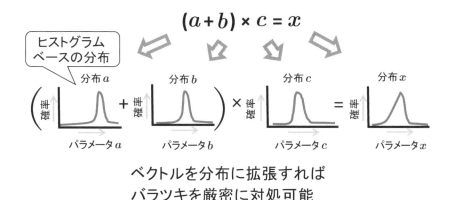

$$(a+b) \times c = x$$

ベクトルを分布に拡張すれば
バラツキを厳密に対処可能

▲図1.2　数値演算はバラツキの対処に限界あり

　なぜそんなことを行う必要があるのかというと、この章の題目にあるように、既存の数値演算ではバラツキを扱うには精度に限界があり、その誤差はあまり意識されないが、それなりに大きいと考えているからである。つまり、既存の数値演算を使った様々な方法は、バラツキがある現実の世界を大雑把に把握することはできるが、厳密に把握することはできない。既存の数学では扱うことができない、見えていない誤差が存在するのである。その対策とし

てベクトルを確率分布に拡張した演算を導入する必要がある。既存の方法による誤差は、バラツキが大きいものでは性能や安全性、信頼性といった様々な品質に与える影響はそれなりに大きく、気づかれることもないままに過剰品質や性能妥協の原因になっている。(引用 (1)〜(3) 参照)

さらには、製品を構成する個別要素が持つバラツキが、全体のバラツキにどのように影響するかを考えると、複雑で、把握が困難な場合、十分考慮されていないこともある。大きなバラツキがある場合、まともに扱う手段がなく、平均や標準偏差や90%タイルといった一部の情報だけで処理されていることも多い。本書で紹介する技術はそんな既存の数学に潜在する課題を対策して、見通しの良い設計を行うことで、演算精度を改善する方法である。

1-2 どんなバラツキの違い が誤差になるのか

　既存の数値演算の精度限界について説明をするために、どのようなバラツキの誤差が演算精度に影響を与えるかを、考えてみたい。例えばスマートフォンを頻繁に使う人であれば、毎月の通信料金にいくら払っているか気にする人もいるだろう。通信料金に影響を与えるパラメータとして大きいのは通信で送受信されるデータ量ではないだろうか。スマートフォンの毎月のデータ量（バイト量）を集計すると、月によって大きなバラツキを持っている。そのデータ量を横軸に何年か分を並べると図1.3のようになったとする。そのバラツキの範囲の最小値と最大値の間を微小間隔で分割して、それぞれの分割に含まれるデータ量の値の発生頻度をカウントすると図1.4のように頻度分布（ヒストグラム）が求まる。

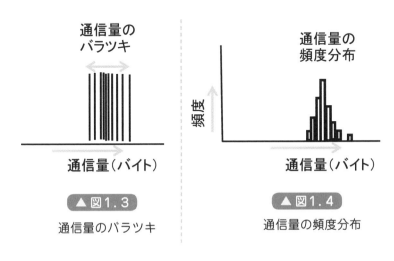

▲図1.3
通信量のバラツキ

▲図1.4
通信量の頻度分布

この頻度分布はサンプルが少ないとノイズがあるので、ここではなめらかに平滑化した確率分布（図1.5）に変換して使用している。

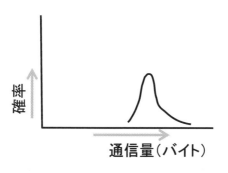

平滑化した確率分布として、ここではカーネル分布という分布を使っている。カーネル分布とは頻度分布で求めた頻度値を微小の正規分布に置換えて、それぞれの確率値を頻度で重み付けしたうえで合計して正規化した確率分布である。頻度分布の形状を良く模擬できて、ほどよくなめらかな確率分布にしてくれるので使いやすい。先ほど述べた設計精度に影響を与えるバラツキの誤差とは、この頻度分布や確率分布の形状のことを言う。

　Aさんのデータ量の分布と、Bさんのデータ量の分布において平均値や標準偏差に大きな差がなかったとしても、分布形状の違いによって、通信料金にそれなりの差が発生する。例えば、データ量が所定値（3000円に収まるデータ量など）以下となる確率がAさんの場合95%であるとは、図1.6のように分布の最小値から所定値までで区切った領

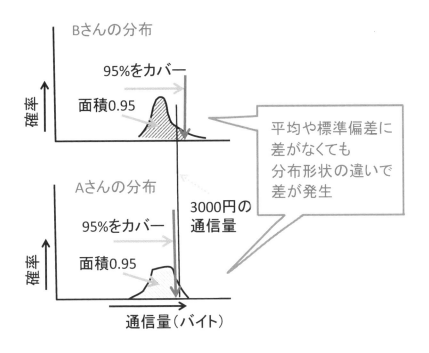

Bさんの分布

確率

95%をカバー

面積0.95

3000円の
通信量

平均や標準偏差に
差がなくても
分布形状の違いで
差が発生

Aさんの分布

確率

95%をカバー

面積0.95

通信量（バイト）

▲図1.6 分布形状の違いによる差

域の面積が0.95となるということで（確率分布の面積は
1.0なので95%タイルのデータ量という）、分布形状の微
妙な違いによってその位置、つまり通信料金は大きく違っ
てくる。つまり、平均や標準偏差がそれほど変わりないB
さんの利用パターンでは通信料金が95%タイルのデータ
量で3000円のラインを大きく超えることもありえる。こ
こで理解してほしいのは、分布形状の微妙な違いによって
様々な設計における性能や安全性、信頼性といったあらゆ
る品質に対する判断に影響を与える誤差が発生することで
ある。

さらに重要なこととして、測定されたデータの分布の形状が正確であったとしても、そのデータを使って演算した結果の分布の形状が正しくなければ、結果の誤差が大きくなる。つまり、正しい判断を行うためには、判断するパラメータの分布形状を正しく求めることが必要なのだ。その演算結果として正しい分布を求めることは、実はかなり難しい。

　バラツキ対処法を使えば、実際に測定されたデータの分布を使って、様々な偏りを持つ特異な形状の分布の特徴を演算結果に正しく反映させることができる。バラツキ対処法が確立されていけば、従来行っていた確率・統計によってバラツキを保証するという作業は、設計計算やモデル設計の中に包含されていくことになると考えている。さらに、バラツキ対処法は数値演算自体に内在する一般的な弱点を克服できる。数値演算の弱点とは、バラツキについて真面目に考えてきたことがある人なら、誰でもクリアになっていない部分を感じていたはずだ。この後説明することはそんな曖昧な部分をクリアにするために考案した方法である。

1-3 既存の方法の誤差1

　提案する方法を説明する前に、数値演算を使った類似の方法と比較して、数値演算のどのような弱点を改善するかについて説明する必要があるだろう。既存の方法は、先に述べたように数値演算の土俵の上で結果を求めているのに対して、本書で説明している方法は、普通に使われている数値演算にはない、分布形状を正しく処理するための機能を演算として補っていることにある。バラツキを含む現実世界を正しくモデル化するために必要な機能が既存の数値演算には抜けており、数値演算を組み合わせるだけではその機能を補うには無理がある。まずはそれを理解してもらうために、いままででどのような方法でバラツキが扱われてきたかを説明する。

　例えば、数値演算でバラツキを扱うために使われてきた既存の方法として、モンテカルロシミュレーションや伊藤積分と呼ばれるような確率過程という方法がある。これらは、バラツキを扱うには十分な精度が保証されると思っている人も多いかもしれない。ところが、この2つの方法は、一長一短なのである。モンテカルロシミュレーションは多くの場合、結果の分布に反映される情報量が、分布を保証するには圧倒的に不足している。たとえ、演算元となる分布を作成するためのデータが十分に存在していて、それぞれのデータに対して大数の法則が成立して分布が安定していたとしても、演算過程で発生する組合せの可能性が正し

く考慮されないので、演算結果の分布は保証されない。そのためにデータを測定するたびに分布が変動して安定しないことがある。偶然の影響によって元データの微小な変動が結果の分布に大きく影響するのだ（図1.7）。

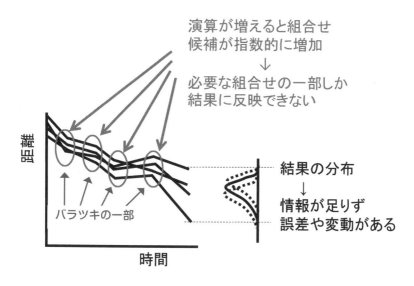

演算が増えると組合せ
候補が指数的に増加
↓
必要な組合せの一部しか
結果に反映できない

結果の分布
↓
情報が足りず
誤差や変動がある

バラツキの一部

距離

時間

▲図1.7 モンテカルロシミュレーション

　一方、モンテカルロシミュレーションが保証できない部分を確率過程は解決しており、結果の分布が保証される場合があるが、その経路がランダムウォークのようなあらかじめ決まったパターンを持つ経路でなくては正しい分布が求まらない。つまり、確率過程を適用できるケースは経路の変動や分布が特定のものに限られるのだ（図1.8）。確率過程がやっていることは、経路を決めて組合せを計算して結果の分布を保証しているが、本来やるべきことは、一般

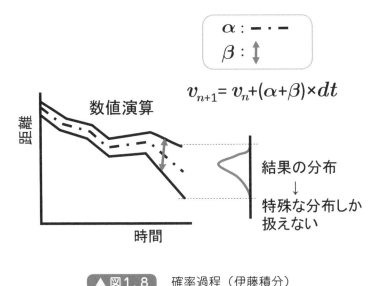

$$\alpha : \text{- · -}$$
$$\beta : \updownarrow$$

$$v_{n+1} = v_n + (\alpha + \beta) \times dt$$

数値演算

距離

時間

結果の分布
↓
特殊な分布しか
扱えない

▲図1.8　確率過程（伊藤積分）

的な経路に対して組合せを考慮して、それを結果の分布に
反映させることである。そのためには、演算自体が生成し
ている誤差を改善する必要があり、バラツキを正確に扱う
には、測定したデータから作成したそのデータ特有の分布
の情報を、演算結果の分布に正しく反映させなければなら
ない。適用できる分布が限定されるのは、実際のデータが
持つ傾向性をほとんど扱うことができないことを意味す
る。ですから、先に述べたふたつの方法は、いずれも一般
的な分布形状（測定したデータから作成した頻度分布な
ど）を正しく結果に反映させる機能がなく、演算した結果
の分布に対して十分な精度は確保できない。

モンテカルロシミュレーション

モンテカルロシミュレーションとは、カジノで行われているギャンブルにちなんで、その地名が名称としてつけられたと言われる。最初に利用されたのは、日本に投下された原爆を開発したマンハッタン計画で、核分裂反応によって起こることを推定するために使われたと言われている。シミュレーションによってバラツキを把握するために広く行われている方法で、バラツキを持つパラメータを確率的に変化させながら、繰返しシミュレーションを行い、結果の分布を把握するための方法である。

このモンテカルロシミュレーションの演算過程で行われる計算のひとつひとつが、本来必要なバラツキの自由度を間引いており、本来必要な組合せが増加しているにもかかわらず、そのなかの一部しか結果に反映されないので、結果の正しい分布を得ることはできない、と筆者は考えている。

ちなみに、マンハッタン計画は当時のルーズベルト大統領が、予算に糸目をつけずに推進した原爆開発計画である。当時日本でもマンハッタン計画に先立って原爆開発が進んでいたと言われており、当時の昭和天皇は、その開発を非人道的だと考えて許さなかった。それでも 1945 年 8 月 12 日に当時の日本領であった北朝鮮の興南で核実験に成功しており（詳細は『成功していた日本の原爆実験』ロバート・ウィルコックス著、勉誠出版　参照）、8 月 9 日に

対日宣戦布告したソ連が、実験に成功した直後に興南を占領してその成果を持ち去った。そのことが、陸軍が8月15日に無条件降伏を受け入れた本当の理由であった、という説がある。もしそれが事実なら、日本はわずか1か月の差で地獄を見たことになる。開発競争というのは、お互いに別々に行われていても、いつもギリギリで競り合っていることが多い。

　以上のようにシミュレーションを例にして説明したのは、手段が確立しているので、その弱点がわかりやすいからである。シミュレーションのような複雑な演算までいかなくても、普通の単純な計算結果の分布を求める場合でも、正しくバラツキが考慮されているケースは少ないのではないだろうか。例えば、幅 a (cm) の部品 A と幅 b (cm) の部品 B の 2 つの部品を組み合わせて $a+b$ (cm) の幅を持つ部品 C を組立てるとしよう。A と B のバラツキが特異な形状の分布で与えられていた場合、部品 C の幅 $a+b$ (cm) がどのような分布になるかを考えてほしい（図 1.9）。

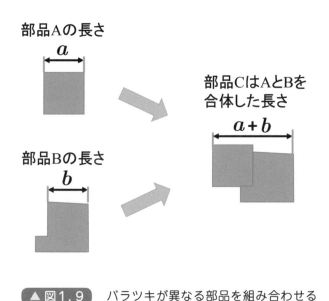

部品Aの長さ

a

部品CはAとBを合体した長さ

$a+b$

部品Bの長さ

b

▲図1.9　バラツキが異なる部品を組み合わせる

バラツキを正しく求めるために誰でも思いつく方法は、実際の工程で製造された $a+b$ の寸法を測定して、そのサンプル数が十分多くて分布が安定した場合にその分布を採用することだ。ここで重要なことはその分布が安定するためにどのくらいのサンプル数が必要かである。例えば a と b が、そのバラツキの範囲を N 個に等分割してその分割毎に含まれる頻度をカウントすると、それぞれの寸法の頻度分布（ヒストグラム）を作成することができる。その頻度分布が M 個のデータに基づいて作成された場合に大数の法則が成立して、それ以上増やしてもほとんど変動しない状態になり、安定したとする。a と b の関係が互いに従属で相関係数が 1 か -1 であれば、M 個のサンプルで $a+b$ も安定している。これは、a の寸法が決まると、対応する b の寸法も一意に決まるので、変化の自由度がないので、$a+b$ の寸法の分布は M 個のデータで安定していると考えることができる。

　ところが、相関係数が 0 で、お互い独立なバラツキである場合、a で N 個に分割したそれぞれのパラメータに対して、$a+b$ の寸法になる b のパラメータのパートナーは N 個の可能性がある。つまり、安定した分布を持つ a と b においても、組合せによって $a+b$ の分布は変動するのだ。どのくらいで安定するかを単純に考えると a と b が安定したサンプル数の 2 乗個のサンプル数が必要になると考えている。組合せる部品が増えて、加算する演算が増えると必要なサンプル数は指数的に増加するが、複雑な部品やシステムではよほど大量にサンプルを用意しないと全てを組

合わせたものの分布が安定するサンプル数を確保すること
は困難なことがわかってもらえると思う（図1.10）。

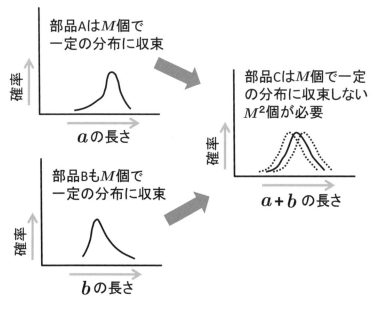

部品AとBのサンプルが十分多くてバラツキ
が安定しても部品Cの分布は安定しない

▲ 図1.10 一定の分布に収束しないケース

これが、演算過程で発生する組合せの可能性が正しく結
果に反映されないという意味である。相互に独立なデータ
の間で演算された結果のバラツキは、分布を構成するため
には情報量が圧倒的に足りないのだ。

以上のことは、aとbが寸法以外のパラメータの場合、

例えば様々な環境要因などに影響を受けるセンサーの測定値のバラツキの場合はもう少し別の説明ができる。

　距離をセンサーで測定した値が a (m)、速度を別のセンサーで測定した値が b (m/s) だった場合、1秒後の距離は a から距離が b だけ接近する場合に $a-b$ となる。これを100回測定してバラツキを求める場合、測定する度に $a-b$ を計算して求めたバラツキは、a と b をそれぞれ測定したバラツキから求めることができる $a-b$ が本来取りうるバラツキよりも少ないバラツキになっている。測定する毎に $a-b$ を計算するということは、a と b が様々な環境要因でバラツキをもっている変化の特定の組合せをバラツキに反映させたものでしかない。つまり、測定する毎に $a-b$ を計算して求めたバラツキは、同じ確率で起こりうる別の組合せによるバラツキを考慮していないので、正しいバラツキにはならない。したがって、バラツキがある要素は、できるだけ個別にバラツキを把握して、この後の4章、5章で説明するバラツキの対処法を使った演算で合成したバラツキを求めなければならない。

　以上のことは、すぐに理解できなくても、4章、5章で具体的なケースを考えていくと理解してもらえるのではないだろうか。

column
2

大数の法則

　サンプル数が少ないと、その平均は期待値からずれることがあるが、十分に多いサンプル数で平均すると確率統計で予想される期待値に従う、という法則。例えばサイコロの目は、数回ふっただけの結果を平均すると 1 〜 6 までのどのような値になるかわからないが、十分多い回数ふって全てを平均すると (1+2+3+4+5+6)/6＝3.5 近辺に収束して、それ以上の回数ふってもこの値はずれない。サイコロでは数百回くらいで安定するらしいが、もうすこし複雑なプロフィールを持つものでも 2 千数百個のサンプルがあれば安定した情報が得られると言われている。

　ここで述べている大数の法則は、安定した系であれば十分多いデータ数で作成した分布の形状は安定しており、それ以上データを増やしても形状が変化することはないということを言っている。本書で主張したいのは、個別のデータが十分多くて分布が安定していても、それを組み合わせて演算した結果の分布は、データ相互に独立して変動するものであれば、まだ大数の法則が成立していない。演算回数が増えれば安定する回数は指数的に増加するので、安定することはないということである。

1-5 誤差を改善する ポイント

　以上のようなことになる原因は、一般的なバラツキを扱うために必要な、演算過程で発生する複雑な組合せ情報を正しく結果に反映させるための仕組みが存在しないことによる。数値演算にはそのような仕組みがないので、バラツキを扱うには限界があると考えている。演算を行うことで、バラツキという繰返し測定したデータの間にある関係はランダムに変換され、無作為に選別されて、本来必要な情報量の一部だけが結果に反映されるので偶然の影響によって大きな誤差が発生するのだ。言い換えると、現実に起こっている事象は、それが様々な要因の組合せで起こっている場合、個々の要因に十分なバラツキがあったとしても結果として起こっている事象には、個々の要因が起こした現象の特定の組合せが反映されたものでしかなく、本来起こりうる組合せの一部でしかない。したがって、個々の要因のバラツキから全ての組合せを考慮した結果のバラツキを求めないと正しいバラツキとは言えない。現実の世界は、マクロにおいてもミクロにおいてもバラツキが分布として存在しており、それが本質的な存在であるかぎり、数値演算には精度限界が存在する。（詳細は p.285 引用の論文 (2),(3) 参照）

　もちろん、今まで述べてきたことは、バラツキがそれなりに結果に影響を与える場合であり、全てのパラメータが

最大値、最小値の最悪な組合せでも保証できればそのようなことを考える必要はない。また、最悪の組合せで保証しなければならないケースもある。しかし、そのようなことはまれで、実際の現場で行われている方法は、正規分布で近似して90%タイルを保証したり、現実的なサンプル数で保証したつもりでいたり、都合の良い範囲のやれることで判断していることもある。ベテランの設計者たちは、そのような既存の方法の限界を知っているので、結果として過剰品質や性能妥協になっていることも多いと思う。

　次の2章では、様々な設計工程には、どのようなバラツキがあり、既存の方法を使ってどのようにバラツキを扱っていて、その方法にどのような課題があり、この後説明する方法でどのように改善が可能かをイメージしている。既存の方法について良く知っている人は、2章を飛ばして3章に進んでもらっても良い。3章で説明することは、本章で述べた既存の方法の課題を対策して、バラツキのあるデータを有効に活用する方法である。その方法は、設計や解析に必要なデータが存在することが前提になるが、昨今ビックデータの活用が広がっていることで、誰にでもやりやすくなっている。多くの業界の方々がビッグデータを活用して、様々な設計や解析でこの方法を使ってもらえるようにツールを用意しており、10章ではその使い方について説明する。

確率過程、伊藤積分

　確率過程は、株価などのランダムに変動する対象の分布を予測するための方法。それを使って微分方程式の解を求める方法が伊藤積分と呼ばれており、ノーベル賞を受賞したブラック・ショールズ方程式のベースになった技術である。ランダムに変動する経路はランダムウォークと呼ばれており、微粒子のブラウン運動を模擬したもので、ステップ毎に無作為に変化する経路を数式化したものだ。その経路の断面をとった確率分布は、正規分布で広がっている。

　ランダムウォークは、ここで説明する分布演算でやるとしたら、速度の経路計算を、時系列に相関関係がない分布の加算として定義することになる。

　しかし、実際の株価などは、ランダムではなく、様々な要因と相関があることを考慮する必要がある。ブラック・ショールズ方程式などがリーマンショックなどを生む原因は、現実を単純化しすぎていることも一因のようである。

この章のまとめ

- [ ] 性能や安全性、信頼性といった様々な品質の判断に影響を与えるバラツキは、平均値や標準偏差に大きな差がなかったとしても、分布の形状が変わることでそれなりの違いが発生する。

- [ ] 数値演算を使った既存の方法で、必要なパラメータの分布を正しく求める方法は今までなかったと考えている。モンテカルロシミュレーションは、演算過程で、分布を構成する組合せ情報が正しく継承されないので、結果の分布が正確ではない。確率過程は、特殊な分布しか扱うことができない。

- [ ] 実データから作成した一般的な分布形状や一般的な経路を扱うことができて、演算毎の組合せ情報を正しく結果の分布に反映させる仕組みが必要と考えており、それを3章で提案する。

第 2 章

バラツキの扱われ方

　本章では、1章で述べた既存の方法や数値演算によって、今までバラツキはどのように扱われてきたかを、いくつかの工程を例にして整理してみよう。そして、バラツキの対処法を使うことで、それぞれの工程に対してどのような改善が可能かを提案する。

　みなさんの中には、設計や評価、生産技術などの経験が十分にあり、既存のバラツキに対する知識は十分知っているという方も多いかもしれない。そのような人にとっては釈迦に説法となるかもしれないので、この章は読み飛ばしてもらえたらと思う。

2−1 今までの対処法と問題点

　1章にて、バラツキは平均や標準偏差に差がなくても分布形状の微妙な違いによって結果の精度に差が出ることを説明した。さらには、従来の数値演算を使った方法では、演算結果のバラツキを分布の形状として厳密に求めることができないことについても述べてきた。

　それでは従来、どのようにバラツキは扱われていたかを整理してみよう。設計、評価、生産技術、など様々な工程でそれぞれのバラツキが存在しており、それぞれ仕事のフローにおいて、どのようにバラツキに対する処理が行われているかを考えてみる。そのうえで、それぞれの工程のフローにおいて、この後の3章で説明するバラツキの対処法（提案する演算方法）は、どのように使われて、どのような改善をもたらすか、それによる課題と対策を含めて、考えてみよう。使われる工程やバラツキの大きさによっては大きな改善が見込める場合と、それほど差がない場合がある。

2-2 寸法設計

　製品の搭載設計や形状設計において、寸法のバラツキを
どのように扱うかは様々な方法がある。今では CAD が普
及しており、バラツキを含めた寸法設計は高度な処理が容
易に実施できる環境が整っている。図2.1ではその寸法設
計の成立性についての判断フローを示す。

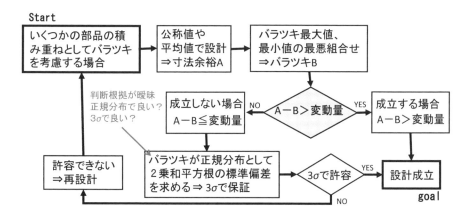

▲図2.1 今までの寸法設計（標準偏差などを使って判断）

　この図では、製品には、いくつかの部品が組合さってお
り、それぞれの部品のバラツキの積み重ねとして全体のバ
ラツキの大きさが製品の成立性にどう影響するかを判断し
ている。CAD などを使ってそれぞれの部品の平均値や公
称値（公称値とは、設計計算に使われる値のことで、バラツ
キの最大と最小の中間値が使われることが多い。）を使った寸
法余裕を求めて、その後バラツキの大きさを求めて、それ

が成立しない場合の判断フローを図で示している。寸法余裕Aに対してバラツキBが十分小さくて、相対変位などの動的、静的な変動量を考慮しても余裕（青い菱形の判断フローの右に行く場合）がある設計ができれば問題はない。ところが、部品干渉の余裕がなく、保護部材をはさんでギリギリの干渉余裕で設計する場合や、物理的な干渉がなく限界を厳密に規定できない場合など、余裕がなくても、バラツキ限界で攻めた設計を行う場合があるかもしれない。そのような場合、バラツキの積み重ねで求まる最悪値より小さい値で設計したいことは多いのではないだろうか。

　そのような場合に、その部品干渉が発生する可能性を十分小さくおさえておきたいときに行われることとして、例えばバラツキを正規分布として仮定して、全てのバラツキを積み重ねた合計のバラツキの標準偏差σは、それぞれのバラツキの標準偏差σの2乗和平方根となるので、そのような知見を使って、積み重ねのバラツキを標準偏差σの3倍とかの値で設計することがある。ところが、実際の分布は正規分布に従うことなどなく、なにがしかの偏りを持っていることが多い。そのような場合に正規分布として扱うことは、寸法の攻めすぎになっていることや、過剰の余裕である可能性があり、さらには3σで求まる確率にどの程度の信頼性があるのかあやしい。それでは4σの余裕を持とうと思っても、最悪値よりも厳しい値になってしまう。そんな中途半端な指標では正しい判断ができない。

　最近のCADでは、バラツキを最悪の組合せの場合だけ

でなく、前述のように正規分布として扱った場合や、様々な分布を定義してモンテカルロシミュレーションを使って変形も考慮した方法もあるようだ。現実のバラツキに近い分布を使って、モンテカルロシミュレーションで求めた結果はそれなりに精度が高い設計になるだろうが、それでも1章で述べたように、モンテカルロシミュレーションで求めた分布の結果は確率計算できるレベルの精度はないだろう。

　図2.2は、本書で説明する方法を使った場合の寸法設計の工程をイメージしてみたものである。

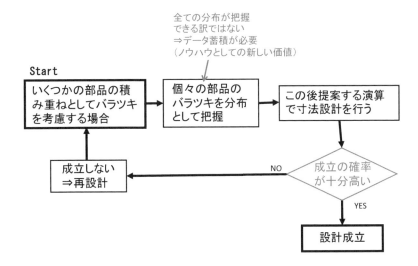

▲図2.2　本書で提案する寸法設計（成立性を確率的に判断）

　ここでは個々の部品のバラツキを分布として与えるが、それは類似形状の部品の実際のデータを使った分布や、過去の知見に基づく形状の分布を定義しても良く、できる範

囲で予想される確からしい分布を使う。この方法の特徴は、個々の部品の分布の積み重ねのバラツキを寸法計算の結果として最も確からしい分布として求めることだ。それによって、完成した製品の寸法の成立性を確率的に求めることができる。寸法設計の場合、最悪値で設計されることも多いので、この本で提案する方法の必要性はそれほど高くはないかもしれない。それでも、干渉する確率を厳密に知りたい場合や、高精度で攻めた寸法設計を行う場合や、精密部品など、寸法的に厳密な設計を行う場合は役に立つに違いない。

標準偏差

データのバラツキを表す指標のひとつで、それぞれのデータに対して平均との差を2乗して合計して、その合計した値をデータ数で割って、平方根をとったもの。

$$\sigma = \sqrt{\frac{1}{n} \sum_{i=1}^{n} (x_i - \mu)^2}$$

μ：データの平均

と表される。分布のパラメータの和の分布は σ が元の分布の2乗和平方根になることが知られている。つまり、

$$\sigma_n = \sqrt{\sum_{i=1}^{n} \sigma_i^2}$$

となる。±σ の内側の範囲は 68.3%、±2σ の内側の範囲は 95.4% となる。ただし、これは正規分布のように無限の広がりを持つ分布の場合で、現実の分布にあてはめると、場合によっては 3σ の位置が現実的な最大値より大きかったり、最小値より小さかったりする可能性がある。正規分布以外の一般の分布での σ の位置は、正しい確率を与えるものではないので、精度が必要であれば使うべきでないだろう。例えば、左右非対称の分布では±σ の内側である 68.3% の位置は平均値に対してズレるはずだが、どのくらいズレるかは分からない。

　1章で、平均や標準偏差が同じでも分布の形状によっては差がある、と言ったが、分布が正規分布であれば平均を中心として 68.3% のピンポイントの位置（50+68.3/2=84% タイルの位置）だけは標準偏差が同じであれば一致すると言えるが、それ以外の位置は分布の形状の違いによって差がある場合がある、と言った方が正確だろう。

　標準偏差は、84% タイルのパラメータ値を保証する指標であるが、それは分布全体の一部の情報でしかない。筆者の考え方は、一部の情報だけで全てを判断するのはリスクがあるので、精度が必要な設計に対しては分布それぞれの位置での値を求めて、全体を保証する必要がある、ということなのである。

2−3　ソフト設計

　ソフト設計で良くあることは、処理する対象のイベントがランダムに発生する場合、それを記録するためのトータルのメモリーをどの程度用意しておくか、通信容量をどの程度確保するか、記録された情報を処理するタイミング（条件）をどうするか、といったはっきり線が引けない状況で様々な判断が必要なことがある。ランダムな情報をどのように設計するかはなかなか一意に決めることができず、そのような状況で甘い設計を行った場合に不具合になりやすく、不用意な設計変更につながることも多いと思われる。

　図2.3にそのようなケースの判断フローを示す。

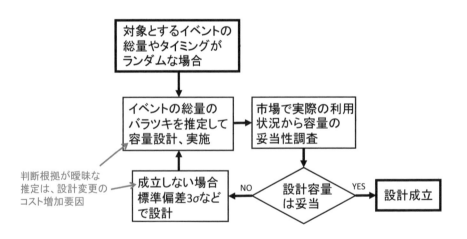

▲図2.3　今までのソフト設計（通信やイベントの成立性）

最悪値で設計すれば良い場合はタイミングチャートや状態遷移図を作成して、どんな場合でも成立する設計が可能であるが、最悪値が決められないケースも多い。最悪値は、いくらでも悪いものが想定できたり、バラツキが大きい項目が多数存在する場合、どのように設計するかは難しい。過去に設計した類似のデータがあり、それから必要なメモリー総量などを推定して設計する場合でも、イベントの発生頻度やメモリーを処理するタイミングなど、多くのバラツキ要因を考慮して確実に余裕をもった設計など成立しないことも多い。そういった場合、標準偏差などを使って妥当なバランスで設計したつもりでいても、先ほどの寸法設計と同様にその分布が正規分布に従わなければ見込みがはずれることもある。そのような場合は、意図せず過剰な余裕が確保されて無駄な設計になっていることや、余裕がなくて後から改善が必要になることも多い。

　図2.4は本書で説明する方法を使った設計例を示す。

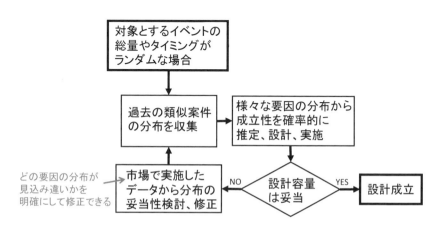

▲図2.4　本書で提案するソフト設計

ここでは、イベントの発生頻度やデータの処理タイミングなどのバラツキがある分布を過去の様々なデータから作成して、その複数の分布からメモリーが上書きされる確率を求めて、妥当なメモリー容量などを設計することで、既存の情報を最も有効に活用した予測が可能になる。そのシステムが実際に市場で利用されたデータを回収できれば、設計時に使った分布の妥当性を検証するデータとして活用できるので、より深いレベルでの知見の蓄積につながると考える。このソフト設計については3章でもう少し具体的な例を説明して、11章でその例の具体的な演算方法を説明する。

2-4 寿命保証

　製品生涯の耐久性などの寿命保証を行う方法は、企業によって様々なノウハウがあるが、一般的な方法だと次のようになる。製品寿命の保証は、製品生涯にかかるトータルの負荷量を求めて、それを上回る強度を保証することである。一般的な方法を図2.5に示す。

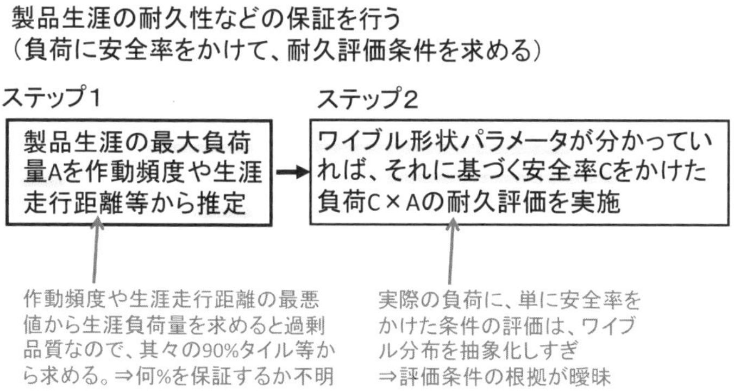

製品生涯の耐久性などの保証を行う
（負荷に安全率をかけて、耐久評価条件を求める）

ステップ1	ステップ2
製品生涯の最大負荷量Aを作動頻度や生涯走行距離等から推定	→ ワイブル形状パラメータが分かっていれば、それに基づく安全率Cをかけた負荷C×Aの耐久評価を実施

作動頻度や生涯走行距離の最悪値から生涯負荷量を求めると過剰品質なので、其々の90%タイル等から求める。⇒何%を保証するか不明

実際の負荷に、単に安全率をかけた条件の評価は、ワイブル分布を抽象化しすぎ
⇒評価条件の根拠が曖昧

▲図2.5 今までの寿命設計・評価

　例えば、一般的なユニットなどの寿命保証は、車両生涯の作動回数まで追跡できるデータがあれば、そのバラツキの最大作動回数を使うか、もしくは、作動頻度 (回/km) や車両生涯の走行距離 (km) から求める。作動頻度や走行距離のデータであれば様々な環境要件を含めたバラツキを把握するのに十分なデータが存在するからである。従来の負荷量を求めるやり方は、これらを使って、例えば、作動

頻度の分布の 90% タイルの頻度と、生涯走行距離の分布の 90% タイルの距離から、両者の積である生涯の作動回数を求める。

次に強度を求めるために、このブレーキアクチュエータの故障に至る作動回数の分布がワイブル分布に従うとして、故障するまで作動した作動回数のデータがそれなりにあり、それをワイブル累積分布を対数表示したものの近似直線の傾きから、ワイブル分布の形状パラメータを求めて、そのワイブル分布の形状パラメータに応じた安全率を決める。先ほど求めた生涯の作動回数に、その安全率をかけた回数を、耐久試験で行う継続回数として試験を行い、壊れなければ良い、としている。ワイブル分布の形状パラメータに応じた安全率というのは、「形状パラメータが大きなワイブル分布というのはピークが小さく、累積分布が100% になる点が近いので安全率が低くても良い。形状パラメータが小さいワイブル分布は、ロングテールなので、累積分布が 100% になる点が遠くなり、安全率を高くする必要がある。」という考え方である。これは一つの例なので、実際にどのように保証しているかは、ケースバイケースだろう。しかし、どのような方法にせよ、製品生涯の負荷になにがしかの安全率をかけた回数を評価条件として行って、壊れなければ良いと判断している。

以上のように、従来の負荷と強度を求める方法は、様々な仮定を前提としているので、分かりにくく大きな誤差を持っている。これによって求められた製品の負荷は、90%

タイルと 90% タイルの積になっており、これは $1 - (1 - 0.9)^2$ = 0.99 と生涯作動回数の 99％になっており、このポイントだけから求めた評価条件は過剰品質になる可能性が高い。また、ワイブル分布の形状パラメータによって安全率を決めているが、それも大雑把すぎるのではないだろうか。

図 2.6 は、本書で説明する方法を使った寿命保証のステップを示す。

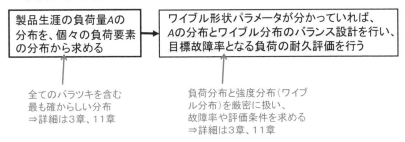

製品生涯の耐久性などの保証を行う
（負荷分布と強度分布から確率的に保証）

製品生涯の負荷量Aの
分布を、個々の負荷要素
の分布から求める

ワイブル形状パラメータが分かっていれば、
Aの分布とワイブル分布のバランス設計を行い、
目標故障率となる負荷の耐久評価を行う

全てのバラツキを含む
最も確からしい分布
⇒詳細は3章、11章

負荷分布と強度分布（ワイブ
ル分布）を厳密に扱い、
故障率や評価条件を求める
⇒詳細は3章、11章

▲図2.6 本書で提案する寿命設計・評価

ここでは、車両生涯の作動回数や、故障に至る作動回数は、それぞれ分布として扱い、故障率を求める。車両生涯のブレーキアクチュエータ作動回数は十分なデータがないので、作動頻度 (回/km) の分布と車両生涯の走行距離 (km) の分布から、分布を求める。この故障率が所定以下になる故障に至る作動回数をワイブル分布として求めて、それを満足させる耐久試験の継続回数を求めて、試験を行い、壊

れなければ良いとする。この、負荷分布（車両生涯の作動回数の分布など）と強度分布（故障に至る作動回数の分布など）から故障率を求める方法は、ストレスストレングス解析として知られているが、このようなアクチュエータを保証する方法として、厳密に使われたことはなかったであろう。なぜなら、車両生涯の作動回数分布を正確に求める方法が知られておらず、使える機会が限られているからである。ここで説明する、分布を演算要素とした演算を定義してやらないと正確な分布を得ることはできない。詳細は3章と11章で説明する。

　筆者はこの90%タイルや80%タイルで設計したものと、本書で提案する方法を比較してみたことがある。この寿命保証のようなバラツキが大きいものでは、耐久試験の継続回数に数倍以上の差があり、従来方式が過剰品質になっていたり、場合によっては大幅に継続回数が足りなくて、十分な強度が保証できていないこともあった。この寿命設計はしっかり検討することもなく曖昧な根拠で雑な設計がなされていても気づかれないことが多い領域である。この寿命設計についても、この後3章で具体的な設計例を説明して、11章で演算方法を説明する。

2-5　システム設計

　ここでは、センサーを使って検出した情報に基づいてアクチュエータを制御するシステム設計を行う場合に、バラツキがどのように扱われてきたかを説明する。これももちろん、企業によって様々な方法があり、もっとすぐれた方法もあるが、図 2.7 にここで説明する従来方式のステップを示す。

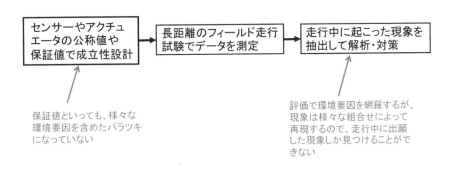

| センサーやアクチュエータの公称値や保証値で成立性設計 | → | 長距離のフィールド走行試験でデータを測定 | → | 走行中に起こった現象を抽出して解析・対策 |

保証値といっても、様々な環境要因を含めたバラツキになっていない

評価で環境要因を網羅するが、現象は様々な組合せによって再現するので、走行中に出願した現象しか見つけることができない

▲図2.7　今までのシステム設計・評価
　　　　　（公称値や保障値で設計して、評価で確認）

　設計する車載システム機能の成立性を検討する場合、センサーやアクチュエータの公称値や最悪値を使って制御設計を行う。その後、プロトタイプのシステムを車載して、様々な環境で長距離のフィールド走行試験を行い、走行中のデータを記録して、走行中に発生した様々な現象のデー

タを抽出して解析して、必要があれば対策や改善を行う。
このフィールドで走行して様々な環境によって発生する現
象をカバーするという行為で、バラツキに対処したという
ことになっている。

　この場合、プロトタイプを設計する場合の成立性は、安
全性に対する最悪値で成立すれば問題ないが、それだと過
剰品質で性能が大きく犠牲になっている可能性がある。安
全と性能のバランスを考慮した設計をどのように行うか
が、プロトタイプの設計の難しいところだ。さらに、走行
中に発生した現象だけを抽出して解析しても、全ての可能
性を抽出したことにならない。

　図2.8が本書が提案するシステム設計フローになる。

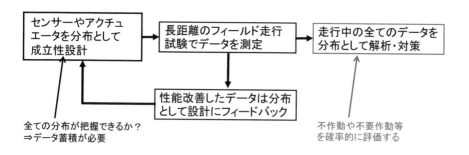

▲図2.8

本書が提案するシステム設計・評価
（環境要件を含めたバラツキを分布として設計、評価は分布を保証する）

提案する方法では、プロトタイプの設計段階から、分布が推定できるものはできるだけ分布を使った設計を行い、性能と安全性のバランス設計を行う。さらに、フィールド走行で測定したデータは全て分布として設計にフィードバックすることで、バランス設計の精度改善や性能向上につなげることができる。期待したときに作動しなかった不作動や、期待しないときに作動する不要作動を確率的に予測しながら設計することで見通しの良い設計が可能となる。

生産設備設計

　ここでは、生産設備を導入する場合に、どのようなバラツキが発生して製品のバラツキに影響を与えるかを検討したフローを考える。図2.9にそのフローを示す。

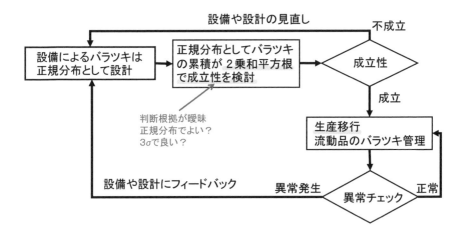

▲図2.9 今までの生産技術（標準偏差で保証）

　設備によるバラツキは、正規分布として設計を行い、製品が要求する精度を満足させるために、バラツキの積み重ねは、2乗和平方根で成立性を検討する。それで成立すれば、生産移行の準備に入るが、不成立の場合は、設備の見直しや、設計の見直しを依頼することになる。その場合、寸法設計で述べたように、正規分布や、3σを使った設計を行うことの背反もある。すでにデータがある設備はデータに基づいた分布を使って設計する方が良い設計になると考える。

図2.10 に、本書が提案する設計を活用した場合のフローを示す。

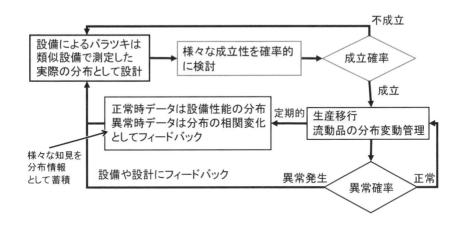

▲ 図2.10 本書で提案する新しい生産技術
（生産能力の実力分布から設計）

　設備によるバラツキは、類似設備で測定した実際の分布があれば、その分布を使って設計することで、正規分布を使った設計より現実に近い成立性を厳密に判断することができる。生産移行段階で、実際に生産設備で流動させたデータが入手できれば、正常時のデータに基づく分布は今後の設備設計の際に設備の能力として活用できる。異常時のデータに基づく分布は、様々なデータの分布との相関を調査することで、精度改善のための知見として活用できるであろう。

2-7 従来方法からの改善

　以上のように、みなさんがかかわっている仕事や工程で、バラツキがどのように扱われており、それが、本書で提案している方法によって改善が可能かを考えてもらえると良い。中には、ほとんど改善の余地がないものもあるかもしれない。しかし、バラツキが大きい場合、大幅な精度改善につながることも多く、演算結果に数倍から十数倍の誤差があることもある。

　図2.11にここで提案する方法を活用すべきケースと、活用する必要のないケースを分類している。活用する必要のないケースは、バラツキの最小・最大の最悪の組合せで成立させる必要があるケースである。最悪でも干渉させてはいけない寸法設計などはこのケースにあたる。しかし、その場合でも、最悪となるのが最小か最大の組合せではなく、中間的なパラメータである場合などは、この方法を使ってリスクが0%となる設計を行うべきである。

　他に、最悪のケースが発生する確率を十分小さくできればよい場合や、2つの状態が二律背反の状態で、バランスを調整する必要がある場合が、提案する方法を活用すべきケースだと考える。

　この方法が使いにくいケースとして、既存のバラツキに関するデータが十分でない場合、どのような分布で設計するべきかわからないケースがある。その場合は、分布とし

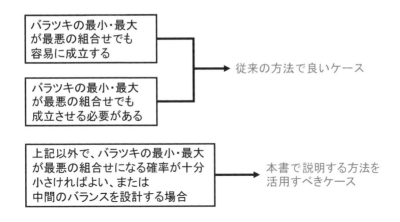

この方法を活用すべきケース、活用すべきでないケース

てそれらしい関数分布を使って初期設計を行い、データが
得られた時点で実際のデータに基づく分布で検証するとい
う使い方を推奨する。10章で説明するツールにはそのよ
うな機能も含まれている。その場合でも、最小値や最大値
がどの程度の値になるかは重要で、それなりに確からしい
値になるように検討が必要である。そのように、本書で提
案する方法は、影響する全ての情報から判断に必要なパラ
メータの分布を求め、その分布全体の情報を使って確率的
に保証する。評価や実物のデータはその分布の形状の精度
を改善するために行う、という改善スタイルになる。

この章のまとめ

☐ 既存の方法を使ったバラツキの対処法として、寸法設計、ソフト設計、寿命保証、システム設計、生産設備設計について工程のフローとそこで使われるバラツキの対処法を、さらに本書で提案する対処法で改善できる可能性について説明した。

☐ 既存の方法は、標準偏差や90％タイルなど分布の一部の情報によって全体の推定を行っており、誤差要因がある。

第 3 章

バラツキを厳密に対処する

　本章では、1章で説明した既存技術の限界を対策するために2つのステップを提案する。ひとつは、必要なパラメータの正確な分布を求める方法、もうひとつは、求めた分布を使って判断する方法である。

　ここでは、さらに、その2つのステップを使った設計例の概要を説明する。設計例はハード設計、ソフト設計、システム設計に関する3つである。

3-1 提案する2ステップ

　ここで説明する方法は、従来設計で行われているように、演算結果に対してバラツキがどの程度存在するかを後から計算するのではない。1章の最初に述べたように、演算自体が生成している誤差の原因を対策するために、設計や解析で行う演算にバラツキを扱う機能を持たせて、その機能拡張した演算を使って設計計算やモデル化を行うために次の2つのステップが必要となる。

　ひとつは、機能拡張した演算を使って、設計計算を行うこと、もうひとつは、演算した結果の分布をどのように見るかといった判断方法である（図3.1）。

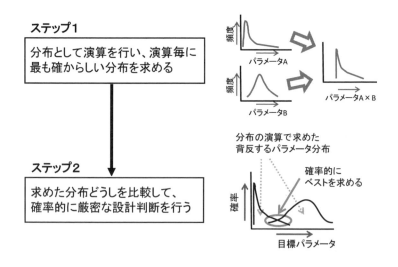

▲図3.1　バラツキを厳密に対処するための2つのステップ

分布として求めた結果は、数値演算の演算結果のように単純に大小を比較することはできない。そこで、分布として比較する方法がある。このように、必要な分布を求めて比較することがバランスの設計である。この2つのステップをセットで活用することでバラツキに対する演算精度の改善に大きな効果をもたらす。関連する様々なパラメータからデータを集めて、演算対象となるそれぞれの分布を作成して、分布間の演算を行う。その結果としてバラツキを厳密に扱うことが可能となり、確実に性能や安全性、信頼性といった様々な品質の向上につながる。

　この後、その演算をできるだけアルゴリズム化して、従来の数値演算と同様に結果を求める仕組みについて説明する。

　ステップ1は、性能や安全性、信頼性といった品質を判断できる演算結果としてのパラメータを正確な分布として求める。そのために、限界がある既存の数値演算ではなく、演算毎に発生するデータ間の組合せ情報を正しく処理して最も確からしい分布を生成する集合演算を定義（この後4章、5章で詳しく説明）する。そして、その集合演算でモデルを構築して結果の分布を求める（図3.2）。

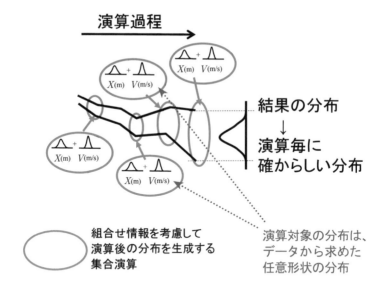

▲図3.2

ステップ1　演算毎に最も確からしい分布を求める

それによって、測定されたいくつかのデータ特有の分布
形状を正しく演算結果に反映させて、性能や安全性、信頼
性などに関する分布が作成できる。そのための類似の方法
は部分的には以前から分布関数の演算として畳み込み積分
を使った方法が知られているが、そういった分布間の演算
が体系的に設計として利用されたことは聞いたことがな
い。

　さらに、畳み込み積分による方法は、畳み込みという手
段自体が抽象化しすぎており、実際の設計を想定したさま
ざまな応用が困難なので、この後の5章で提案している、
データ間の組合せを領域として幾何学的に明確にすること
で、アルゴリズム化する方法が最も汎用性と拡張性が高い
と考えている。

　次に、この作成した分布を使って、ふたつ目のステップ
を使って判断することで実際の設計精度が改善する。次に
その判断方法について説明する。

3−3 ステップ2
求めた分布どうしの比較

　ふたつ目のステップが必要な理由をわかってもらうために、設計などで行われている既存の判断方法の問題点について説明する。従来使われている数値演算で求めた数値は、例えば目標とする値と実力となる値を演算して、その大小を比較して、目標を達成しているかどうかを判断する。ところが、バラツキのあるデータの数値演算で求めた値で判断した結果は、比較した大小の差が小さくてバラツキの範囲内であれば、大小関係が逆転している可能性があり、間違っている可能性がある。

　たとえ実力となる値か目標となる値のどちらかについて正確な分布を求めて、その分布の95%タイル（先ほどスマートフォンの例で説明）で判断して余裕があったとしても、それが95%の確率で確かとは言えない。多くの場合、その目標とする95%の値でさえバラツキがあり、本当は99%でないといけないかもしれないのに95%しか確保できていないかもしれないし、90%で十分であるにも関わらず、95%であることで過剰品質となっており、それが別の問題を引き起こしているかもしれない。つまり、目標となる値も変動要因があるパラメータの調整結果であり、本来バラツキがあるものかもしれない。それでは、判断材料として不十分である。このパーセンタイルによる判断は、慎重に閾値を決めないとバラツキが大きい場合に厳密に求めた場合と比べて何倍も誤差が生じることがある。そのように誤差が大きい方法は、都合にあわせて結果が恣意的に操

作されるリスクもある。

　以上の対策としてこの後6章で説明するステップ2の具体的な方法は、先ほどの集合演算の結果として品質を判断できるパラメータの分布を正確に求めることが前提となっている。例えば目標と実力の2つの分布を比較して、その差がバラツキの範囲内であったとしても、2つの分布の形状とその重なり具合から、実力が目標を上回っている確率が何%であるかを演算することができれば厳密に結果を求めたと言える（図3.3）。

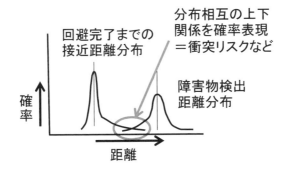

▲図3.3　ステップ2　求めた分布どうしの比較

　この「上回る確率」として何を求めるかで様々な判断が可能になる。これがステップ2として説明する、分布を使った判断方法で、これによって様々な設計において性能や安全性、信頼性などの背反するパラメータの品質を確保するための精度を向上させることができる。この方法を使いこなすことができれば、従来やっていた様々な方法、分布の90%タイルで判断することや、正規分布で近似してバラツ

キを考えていたことが、いかに誤差の原因になっていたか
を理解できるだろう。

　さらにはこの上回る確率は、下回る確率に拡張すること
や、多次元化をすることで複数のパラメータを同時に達成
させる確率を求める、といった様々な拡張を可能にする。

　この分布の比較は単なる設計判断にとどまらない、多様
な可能性を持っている。この比較の詳細な説明は6章で行
う。

column
5
データから演算対象の分布を作成

　本章ではデータから分布を作成して、それを演算対象と
すると述べたが、その分布の作成方法について補足をして
おく。1章2節でデータ値の最小と最大の間を微小間隔で
分割して、それぞれの分割に含まれるデータ値の発生頻度
をカウントすることで頻度分布（ヒストグラム）が求まる、
この頻度分布をカーネル分布といった確率分布に変換して
使用している、と説明した。

　以上のことは10章で紹介するツールで行うことができ
るが、そのツールにくわせるための元になるデータをどの
ように入手するかについて述べておく。

もし、頻度分布にするデータの羅列（統計データや記録データが列として並んでいるもの）がテキストや csv ファイルとしてあれば、それをそのままツールにくわせることができる。これは、みなさんが日常的に記録したことをテキストに記入することでも使えるし、様々な計測器で測定・記録したデータから特定の条件に基づいて抽出・加工したものでも良い。

　11 章の付録では、みなさんが計測器などを使って記録したデータがあれば、そこから分布を作成するために必要なデータをどのように抽出・加工すれば良いかについて説明する。

　また、10 章 2 節では、抽出した csv ファイルやテキストファイルのデータから演算対象となる分布を生成する方法と、10 章 3 節には、データがない場合でも、分布の最小値、最大値、平均値、標準偏差などを指定して、それに近い分布を生成する方法について説明してある。10 章の付録では、ツールが生成した分布を他のツールで活用するためのデータ仕様について説明する。

3-4 使い方のイメージ1（寿命保証）

　以上の2つのステップをどのように使うかといった活用例として、ハード設計とソフト設計とシステム設計に関するものの3つの具体例の大まかなイメージについて説明する。ここで理解してほしいのは、この方法によって従来行ってきた演算の精度を向上させるだけでなく、バラツキが大きくてまともに扱うことを考えもしなかったことが、厳密に扱うことが可能になることで見通しの良い設計ができる点である。ここに述べたことは応用例の一部なので、みなさんがそれぞれの分野で様々な応用をぜひ考えてみてほしい。

　ここでは、応用例の概要を説明して、4章以降で、それを実現するための要素技術を説明したあとに、11章で具体的な設計例として演算方法を説明する。

　最初はハード設計例のイメージである。製品やその構成部品が、繰返し負荷を受けることで破壊に至る可能性がある場合のハードの寿命保証に応用した例である。設計において製品のハードとしての負荷に対する耐久性を保証するためには、その製品が使用されている間の故障率が何％以下であるかということを保証しなければならない。例えば、自動車のブレーキ装置の耐久性を保証する場合、ブレーキ装置が故障するまでのブレーキ作動回数の分布と車両生涯のブレーキ作動回数の分布から故障率を演算することが

できる。これを逆に使うと、①生涯の作動回数分布と②目標とする故障率があり、それを満足させるために必要な、③故障するまでの作動回数分布の要件が決まり、それを満足するための④評価条件を決めることができる（図3.4）。

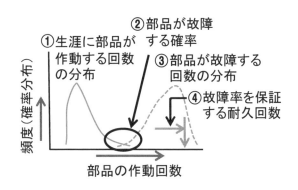

▲図3.4 耐久性の保証

この場合、車両生涯のブレーキ作動回数分布は直接求まらないので、先ほどの集合演算を使って求める。例えば、長距離走行して、様々な環境や車両やドライバー毎のブレーキ作動の頻度が取得できれば、平均的な走行距離あたりのブレーキ作動頻度がどの程度バラツキがあるかを表す分布が得られる。それと統計データなどから求めた車両生涯の走行距離の分布から、車両生涯のブレーキ作動回数分布を求めることができる。以上の全体設計での演算フローを図3.5に示す。

ここで、もし車両生涯の作動回数を直接測定したデータがあれば、それを使えばよいと考える人もいるかもしれな

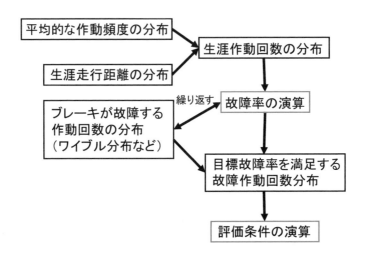

い。しかし、それは余程多くのデータが存在して、信頼性
がある分布でない限り使うべきでない。車両生涯のブレー
キ作動回数は、ブレーキが作動する頻度や走行距離が様々
な要因で大きくバラツクことによる影響が考えられる。し
たがって、作動頻度や走行距離のデータでバラツキをしっ
かり把握して、その分布演算の結果から求めた方が、想定
外のバラツキを見逃す可能性を下げることになる。

　ブレーキが故障するまでの作動回数分布は、故障するま
で作動させた破壊試験を何回か行い、その故障に至る回数
の頻度から分布を推定する。その分布が例えばワイブル分
布であったと仮定した場合、頻度が増加する変化率からワ
イブル分布の形状パラメータを推定し、いくつかのスケー
ルパラメータを設定して目標となる故障するまでのブレー

キ作動回数分布を作成することができる。ワイブル分布の形状パラメータを推定する方法は、様々な書籍やサイトに説明が公開されているので、そちらを参照されたい。

以上のように求めた、車両生涯のブレーキ作動回数分布が、故障するまでの作動回数分布を上回る確率を求めれば、それが故障確率となる。この故障確率が目標となる値以下となる、ワイブル分布のスケールパラメータを決めてやり、そのスケールパラメータを満足する評価条件で耐久試験を行い、壊れなければ目標とする故障率が守られることになる。この例の故障率を求める部分は、従来ストレスストレングス解析として知られているが、正しく利用されているケースはなかなか少ないと思う。その理由は、故障率を求めるために必要な作動回数などの負荷は、多くの場合正確な分布として求まらないのでステップ1の方法とセットで使わないと利用できないことがある。

さらには、分布の扱い方が間違っていることも多く、6章ではその部分を詳しく説明する。ストレスストレングス解析では、比較するふたつの分布をストレスとストレングス、負荷と強度と呼ぶが、6章で説明する方法は信頼性保証に限らず一般的な比較方法として利用するために実力分布と目標分布と呼ぶ。

さらに故障率は、実力が目標を上回る確率として達成確率と呼んでいる。故障することを達成する、とするのは違和感があるかもしれないが、単に上回るという意味なので気にしないで良い。具体的な演算例は11章で説明する。

3-5 使い方のイメージ2 （システム設計）

　2つ目の例はシステム設計例のイメージとして、例えば、自動車が走行中に前方にある障害物に対して衝突回避制御を行う場合、前方の障害物を検出できる距離の分布と回避制御を行った場合に回避が完了するまでに走行する回避距離の分布から、回避が成功しない確率を求める例である。障害物を検出できる距離は、周りに検出を妨げるものが少ない特殊な環境では一定の距離まで安定して検出することができるが、実際の交通環境では、様々な環境要因によって近傍まで接近してから初めて検出されることもあり、同じセンサーで同じ使い方をしても走行中に測定される距離には大きなバラツキがある。そういったデータを十分に長距離走行してデータを収集したうえで、その環境要件を正規化した分布にすることで役に立つ分布が得られる。

　障害物を検出してから回避が完了するまでに走行する距離とは、例えば前方に停止している車両がいる場合に、自車両が減速制御を開始して、停止している車両の手前で停止するまでの距離のことで、たとえ制御が開始された速度が同じ場面だけを比較したとしても、道路の状況や車両の状況で大きなバラツキが存在する。以上の、回避が完了するまでの距離が、障害物を検出できる距離を上回る確率を求めれば、回避が成功しない確率を求めることができる。

以上のバランス設計を行った結果のイメージを図3.6、
演算フローを図3.7に示す。

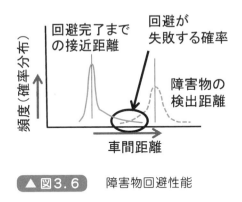

▲図3.6　障害物回避性能

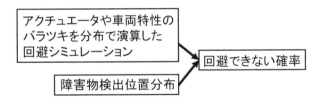

▲図3.7　システム設計の演算フロー

　実際には多くの場合センサー性能は、システムの要求
に対して十分余裕があり、回避が成功しない確率は演算
するまでもなく0%となると思われている。しかし、新し
い機能を開発する場合には余裕がない設計を行う場合もあ
る。また、実際の交通環境では、センサーに影響を与える
様々なものがあり、障害物が接近してから初めて検出され
ることもある。したがって、様々なセンサーのデータは十

分な場面を走行したうえで分布にして、車両制御性能との関係を正しく比較できれば、システムとしての性能に対するベンチマークが可能となり、機能に必要な要件を明確にして、自動運転などの信頼性や許容性を正しく設計することが可能となる。これは障害物回避の例であるが、車両の制御設計では他にも様々な応用が考えられる。自動運転などで車線変更制御を行う場合のリスク設計については、11章で説明する。

3-6 使い方のイメージ3 （ソフト設計）

　3つ目の例としてソフト設計例のイメージを説明する。ソフト設計として、ランダムに発生する様々なイベントに対処するために、起こってはいけないことが発生する確率を十分小さくしたいことがある。

　例えば、システムに何か不具合の可能性がある場合に、その不具合に関連するデータを記録するデータ記録装置は様々なシステムに装備されている。そのような記録装置は、イベントが発生すると多少のメモリーに記録されて、不定期な通信や、お客様から返品されたタイミングでデータが吸い上げられる。吸い上げられたタイミングで記憶容量が足りなくて上書きされてしまい、データがなくなってしまう確率を厳密に演算することで、上書きされることなく、かつ上書きされないために過剰なメモリー容量を確保することによって他の記録項目が犠牲にならないバランスを設計することができる。

　以上のバランス設計を行った結果のイメージを図3.8、演算フローを図3.9に示す。

　この例は、様々な産業の製品に応用できる技術であるが、例えば自動車の制御に関する応用としては、先行車を検出して、その距離を一定に制御するシステムがあり、車間距離を一定に保つために行う加減速がドライバーの意に沿ったものでなかったとする。そのとき不具合として回収

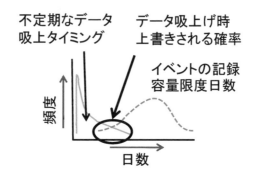

不定期なデータ
吸上タイミング

データ吸上げ時
上書きされる確率

イベントの記録
容量限度日数

頻度

日数

▲図3.8 データ記録装置が上書きされない設定

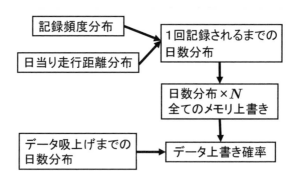

記録頻度分布

日当り走行距離分布

1回記録されるまでの
日数分布

日数分布×N
全てのメモリ上書き

データ吸上げまでの
日数分布

データ上書き確率

▲図3.9 データ記録装置設計の演算フロー

されて調査が行われる。加減速のデータは走行中の全ての
データを記録するには膨大な記憶容量が必要となるので、
ドライバーの意に沿わないと思われるデータの特徴を選別
して記録される。

したがって、問題があるデータが確実に記録されて、回収時点でもメモリーに上書きされないで残っているためには、記録される頻度や回収されるタイミング、メモリーの設計など複数のバラツキを厳密に設計する必要がある。具体的な演算方法については11章で説明する。

　以上のような設計は、この方法を使わないとまともな設計ができないものだと思うが、多くの人にとって、これらの事例はバラツキが大きすぎてバランスを考えた設計などできないと考えていただろう。最悪なことが起こらないように十分に余裕をもった設計を心がけているだろうが、従来の方法ではその設計が特に過剰な余裕でない限り、十分である根拠は見つからないと思う。

　ここで説明した以外にも、みなさんが従来から行っている一般的な設計手順をこれに置換えることで、性能と信頼性のベストバランスを見える化できて、設計精度を改善できる。

　いずれも、バラツキのあるパラメータ間に発生する組合せ情報を正しく処理できる演算を定義して必要な分布を求め、同じパラメータ上で、実力や目標などの相反する関係を分布として比較するというふたつのステップを行うことで、はじめて満足できる精度で設計することが可能となる。

この章のまとめ

- [ ] 先に説明した数値演算の誤差を対策するために2つの
  ステップを提案する。

- [ ] ひとつは、実データから作成した一般的な形状の分布
  を扱うことができて、演算毎の組合せ情報を正しく処
  理して、最も確からしい結果の分布をもとめる集合演
  算を定義すること。

- [ ] もうひとつは、もとめた2つの分布を比較して、それ
  ぞれのパラメータの上下関係を確率的に求めること。
  それによって、バラツキがあるパラメータを厳密に比
  較することで、はじめて正しい「設計判断」ができる。

- [ ] 以上の応用として、以下の3つの設計例の概要を後の
  章で説明する。

    ① ハードの設計例として寿命保証
    ② システム設計例として制御性能
    ③ ソフト設計としてランダムなイベントの対処法

第 4 章

演算要素としての分布

　この章では、バラツキを厳密に対処するための**ステップ1**として、性能や安全性、信頼性を判断するために必要なパラメータの分布を求めるために、演算要素として分布を演算する**分布演算の考え方**を説明する。その考え方を説明するために単純な分布の例を示し、演算毎に発生する組合せ情報を正しく処理するとは、どのようなことなのかを理解してもらう。

　さらに、それを実際の設計に使うために必要な機能拡張の方向性を考える。

4−1 ステップ1の概要

　ここからは、3章で述べた設計例で利用する要素技術について説明する。この4章から9章までが、様々な設計で活用するための要素技術で、10章で、要素技術を使って実際に演算するためのツールの説明を行う。その後の11章で、紹介した要素技術を使って、具体的な設計例でどのように演算を行うかを説明する。

　最初に3章でステップ1として説明した分布間の組合せ情報を正確に扱う集合演算として、分布を演算要素とする分布演算を定義する。詳細の説明は後に行うとして、ここでは簡単な例でイメージをつかんでもらう。ここで説明する例では、寸法にバラツキを持つ2つの部品を組立てたとき、組立後の合計した寸法のバラツキがどうなるかを考える。図4.1では幅10cmの2種類の部品を10個ずつ作って合体し、20cmの部品とした場合に、それぞれの分布の組合せを考慮して合体した分布がどうなるかを示したものである。これは分布の和算の例である。部品AとBはそれぞれ10個ずつ作って、ともに10cm〜13cmのバラツキがあり、その範囲を1cm幅で分割し、分割毎の頻度をカウントした場合に図4.1の上側に示すような2つの頻度分布であったとする。

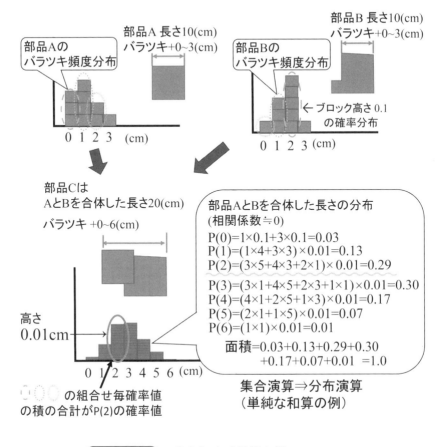

▲図4.1　分布による和算の例

　AとBそれぞれ10 cmに対して+0〜+3 cmのバラツ
キ範囲を持つので、Cのバラツキは20 cmに対して+0〜
+6 cmの範囲になる。Cのバラツキである+0〜+6 cmの
間の1 cm間隔のそれぞれの値に対して、その値になるA
とBの組合せの確率を合計すると、その値の確率値が求
まる。具体的には、例えばCの値が20 cm+2 cmになる

組合せ確率は、AとBの寸法が 10 cm に対して +0 cm と +2 cm、+1 cm と +1 cm、+2 cm と +0 cm の3通り存在する。それぞれの組合せ毎に対応する確率値の積を求め、合計すると +2 cm になる確率値が求まる。この頻度分布は 10 個のデータなので、ブロックの高さを 0.1 cm とすると面積が 1.0 cm^2 となり確率分布とみなすことができる。したがって、それぞれのブロックの高さを 0.1 cm としたときの分布の高さが確率値と等しい。AとBの組合せで +0 cm と +2 cm の場合は A の確率値 0.3 と B の確率値 0.5 なのでその積は 0.15、+1 cm と +1 cm の組合せの場合、A の確率値 0.4 と B の確率値 0.3 でその積は 0.12、+2 cm と +0 cm の組合せの場合、A の確率値 0.2 と B の確率値 0.1 でその積は 0.02 となり、その合計は 0.15+0.12+0.02＝0.29 となり、これが C の寸法が 22 cm となる確率値である。それを 20 cm から 26 cm までの C の 1 cm 毎のすべての寸法に対して求めれば、C の分布が求まる。

さらに、この C の分布の面積は 1.0 cm^2 となっており、確率分布となっている。

以上が、分布 A と分布 B から、その和算の結果である分布 C を求めた分布演算の例である。

4−2 ステップ1の拡張

　前記はそれぞれ 10 個のデータで作成した 2 つの分布の
和算を説明したものだったが、この 10 個のデータを数
100 個、数 1000 個と増やして、1 cm 幅で分割した分布の
分割数をもっと細かくすれば分布の精度を向上させること
ができる。分割を細かくすることで、例えば 10 分割であ
れば分布の範囲を 10 % 毎の精度でパラメータを特定する
ことになるが、100 分割であれば 1 % 毎の精度で特定する
ことができる。

　この分割と組合せを工夫することで積や商の演算を定義
することができる。さらに、この組合せを 2 次元〜 3 次元
に拡張すれば多次元の分布の演算を定義することができ
る。具体的には、この後の章で次の説明を行う。

◆ 分割を増やした場合に、組合せをアルゴリズムとして
　求める方法（5 章）
◆ 和算のアルゴリズムを拡張して、積や商を求める方法
　（5 章）
◆ 四則演算を拡張して 2 次元以上の多次元分布の演算結果
　を求める方法（5 章）
◆ 演算する分布のデータ間に相関関係がある場合の演算方
　法（7 章）
◆ 位置や速度を分布として扱った場合の時系列演算（8 章）
◆ 時系列シミュレーションやフィードバック制御（9 章）
◆ 要素解析の簡単な例として構造設計（9 章）

以上のように、分布演算は様々な数学に拡張することが可能で、多くの設計や解析でバラツキを厳密に扱うことが可能となり、あらゆることを確率的に把握することができる。それによって、あらかじめ想定したリスクの元でパラメータを定義することが可能となり、これが最も見通しの良い設計だと考える。

この章のまとめ

- [ ] 先に説明した、2つのステップのうち、ひとつめのステップとして、演算毎に分布の組合せ情報を正しく処理する方法の概要を述べた。

- [ ] 2つの部品を組立てた場合に、個別の寸法のバラツキが全体の寸法にどのように影響するかを、それぞれ10個の部品の寸法データの分布から、組立てた部品の寸法の分布を分布の和算として求めることで、データの組合せ情報の処理を行う考え方を述べた。

- [ ] 実際の設計で使えるようにするために10個の演算を拡張する方向性について説明した。ここで説明した方法の拡張として、四則演算、多次元分布、様々な積分演算を扱うことができる。

分布による演算
（ステップ１）

　前の章で説明した分布演算の考え方を、実際に設計で使えるように拡張するアルゴリズムについて説明する。演算毎の組合せ情報を正確に処理するためには、十分に多くのデータを使って、細かい区分で作成された頻度分布に基づく分布を処理する必要がある。そのような処理を行うために、組合せの構造を幾何学的に見える化を行いアルゴリズム化する。それは演算毎に異なるので、四則演算や、多次元分布の演算方法について、それぞれのアルゴリズムを図示しながら説明する。

5-1 ステップ1の詳細

　分布を演算要素として処理する分布演算について、前章で大まかなイメージを説明した。10個程度のデータで構成される分布であれば前章のように組合せを考えながらひとつずつ計算していくことは可能である。ところがデータが数100個とか数10000個とかまで増えて、細かい区分の頻度分布を処理することは現実的に不可能になる。

　その対策として、演算のときに考慮すべき組合せを幾何学的に見える化してそれぞれの対象を領域として特定することで、アルゴリズムとして計算する方法について説明していく。その方法は加算や積算などの演算毎に異なるので、四則演算ひとつずつ具体的に説明する。それぞれの後に演算を多次元分布に拡張する場合の方法も紹介する。全ての演算の後に、数値演算との違いで注意すべき点と、その対策を述べる。

5-2 分布の和算

　ここでは、4章で概要を説明した分布の和算を、アルゴリズムとしてどのように演算するかを説明する。4章では、演算結果の分布を求める際に、その結果の分布の所定のパラメータとなる組合せを全てリストアップして、それぞれの確率値の積を求め、全てのリスト対象でその積を合計することで所定パラメータの確率値が求まることを説明した。その組合せをどのように特定するかが、アルゴリズムのポイントである。和算の場合は、それが、和が一定になる組合せなので、傾きが -1 の直線となるライン上の x と y の組合せが一定の値になる。それを図示しながら説明していく。

　まず、1次元分布 x と y が与えられたときに、その和の分布 z を求める方法を説明する。分布 x と分布 y とその和算結果 $z = x + y$ の分布 z の関係を示したのが図5.1で、x 軸が分布 x のパラメータ、y 軸が分布 y のパラメータを示す。x 軸上に配置した下向きの分布が x のパラメータ上の分布 x の位置を示す。y 軸上に配置した左向きの分布が y のパラメータ上の分布 y の位置を示す。

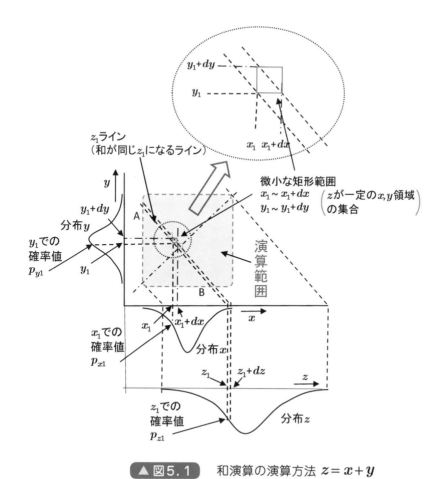

■ **図5.1** 和演算の演算方法 $z = x + y$

　演算範囲と書いた青の破線の枠の矩形の範囲内がそれぞ
れの分布のパラメータが組合せとして取りうる範囲を示
す。ここでは分布 z のパラメータも x 軸と同軸上にあると
して描いている。z 軸上に下向きに配置した分布が z のパ
ラメータ上の分布 z の位置を示す。その最小値は演算範囲
の左下隅から傾き -1 のラインに沿っておろした x 軸切片、
最大値は演算範囲の右上隅から傾き -1 のラインに沿っ
ておろした x 軸切片となる。この分布 z の最小値 $z_{\min}$ は

分布 x と分布 y の最小値どうしの和、分布 z の最大値 z_{max} は分布 x と分布 y の最大値どうしの和に等しい。

　ここで分布 z の確率値を求めるために、z 上のある点 z_1 を定義する。分布 z のパラメータを等間隔に n 個に分割した点列として、$dz = (z_{max} - z_{min})/(n-1)$ の微小間隔で分割して、その任意の点のひとつを z_1 として、その確率値を求める。x と y の和が z_1 の値で一定となる z_1 ラインは傾きが -1 の直線になり、その z_1 ライン上のある任意の点を (x_1, y_1) とすると、ライン上のどこでも x と y の和は z_1 の一定値となる。つまり、z_1 の確率値を求めるためには、この z_1 ライン上の組合せだけを考慮すればよい。

　分布 x 上の点 x_1 の確率値 p_{x1} と分布 y 上の点 y_1 の確率値 p_{y1} から、$x_1 \sim x_1 + dx$ と $y_1 \sim y_1 + dy$ で囲まれる微小な矩形範囲（青枠）に属する確率値を求め、それを z_1 ライン上で演算範囲と書いた青の破線の矩形範囲内にある領域全てで合計したものを dz で割ったものが z_1 の確率値 p_{z1} となる。ここで微小な矩形範囲（青枠）に属する確率値とは、x_1 の確率値 p_{x1} と y_1 の確率値 p_{y1} と微小な矩形範囲の面積の積である。その面積とは、分布 x を分割した微小幅 dx と分布 y を分割した微小幅 dy の積となる $dx \cdot dy$ となるが、$dx = dy = dz$ とすると多次元への拡張性が容易なので、分布 x と分布 y も dz の微小幅で分割して、それぞれの確率値は補間によって求めている。

以上のように z_1 ラインと演算範囲の外周とが交差する
2つの点 A–B の間で、ライン上を移動させながら全ての
確率値を合計したのが z_1 の確率値 p_{z1} となる。これを z_1
の位置を $z_{\min}$ から $z_{\max}$ まで dz ずつ変化させながら全て
の z で行えば、パラメータに対応する n 個の確率値の列
が求まり、それが z の分布である。これはとても複雑な演
算なので、Windows パソコン上で動く分布演算のための
電卓を用意した。これについては10章で詳説する。

　図5.2は、その電卓を使って分布 x と分布 y の和の分布
z を実際に求めたものである。x と y の最小値、最大値、
平均値をそれぞれで和を求めると、z の最小値、最大値、
平均値となっているが、分布の分割数に応じた誤差は残
る。それぞれの分布の面積も、ほぼ1.0となっている。

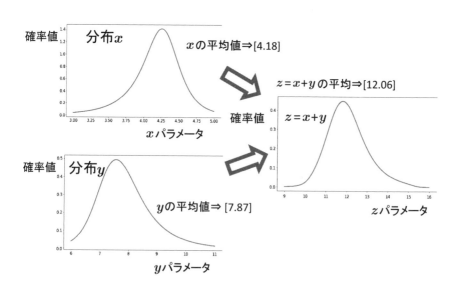

▲ 図5.2　分布の和算 $z = x + y$

　第5章 分布による演算（ステップ1）

5−3   多次元分布の和算

　ここでは、先ほどの1次元の和算を多次元に拡張する方法について説明する。多次元では、まず、それぞれの分布の領域を確定することが最初のポイントである。

　領域が決まったら、1次元と同様に、そのなかでのそれぞれのポイントの確率値を決めるために、演算結果の分布の所定ポイントの位置が和となる、演算前のそれぞれの分布のポイントの組合せを決めて、それぞれの確率値の積を合計していく。以下にそのステップを述べる。

　2次元分布 x と y が与えられたときに、その和の分布 z を求める。分布の2次元パラメータ範囲の関係を示したのが図5.3である。

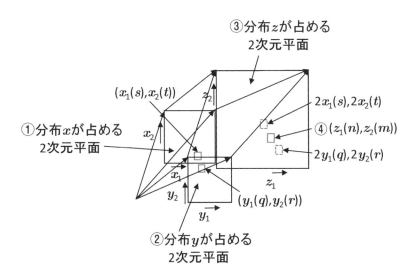

▲ 図5.3　和演算の多次元化 $z = x + y$

①分布 x が占める2次元分布範囲（以降は分布 x のパラメータ範囲と呼ぶ）は x_1 軸と x_2 軸で囲まれた矩形範囲、②分布 y が占める2次元分布範囲（以降は分布 y のパラメータ範囲と呼ぶ）は y_1 軸と y_2 軸で囲まれた矩形範囲とすると、③分布 z が占める2次元分布範囲（以降は分布 z のパラメータ範囲と呼ぶ）は、z_1 軸と z_2 軸で囲まれた矩形範囲である。その z のパラメータ範囲は x のパラメータ範囲と y のパラメータ範囲のそれぞれの四隅の位置をベクトルとして、四隅それぞれのベクトルを分布 x のベクトルと分布 y のベクトルでそれぞれ和算を行った四点を囲む範囲となる。

先ほどと同様に、z 上のある点 z_1 を定義して、その確率値を求める。分布 z の2つのパラメータの最小値を $z_{min}=(z_1$ の最小値, z_2 の最小値)、最大値を $z_{max}=(z_1$ の最大値, z_2 の最大値)、その分割数を $c=(c_1, c_2)$ というように2次元配列として、分割した微小な幅 dz は、配列のそれぞれの次元で $dz=(z_{max}-z_{min})/(c-1)$ として求めることができる。

この dz の微小幅で z のパラメータ範囲を分割して、そのグリッド上のある交点の位置を $(z_1(n), z_2(m))$ とする。この場合、n は 0 から c_1-1 までの任意の整数、m は 0 から c_2-1 までの任意の整数として、z_1 は c_1 個の配列、z_2 は c_2 個の配列で、n と m の配列番号を使って z のパラメータ範囲内の位置を表すとする。このパラメータ範囲の各点に対応する微小な矩形範囲の幅は dz の配列 $(dz(0), dz(1))$ と

して与えられ、面積は $dz(0) \cdot dz(1)$ となる。また、分布 x と分布 y も dz で分割されて、それぞれの交点での確率値は、最初に与えられた分布 x と分布 y の分割と異なる場合は、補間によって求められる。分布 z と同様に分布 x と分布 y のパラメータ範囲内の位置は、$(x_1(s), x_2(t))$、$(y_1(q), y_2(r))$ というように s, t, q, r といった 0 から、それぞれの辺を間隔 dz で分割した分割数の間の整数によって表現している。

　以上の前提に基づいて、z のパラメータ範囲の位置 $(z_1(n), z_2(m))$ にある微小領域の確率値を求める方法を説明する。ベクトル合成すると④ $(z_1(n), z_2(m))$ の位置となる、x のパラメータ範囲にある微小領域の位置 $(x_1(s), x_2(t))$ と、y のパラメータ範囲にある微小領域の位置 $(y_1(q), y_2(r))$ の組合せでのそれぞれの確率値の積を求める。その積を、x のパラメータ範囲と y のパラメータ範囲で、存在しうる可能全ての組合せで求めて、合計したものが $(z_1(n), z_2(m))$ の確率値と dz の微小面積の積である。この x と y の組合せは、例えば、$(z_1(n), z_2(m))$ の n, m を固定して、$(x_1(s), x_2(t))$ の s と t の全ての組合せで、それぞれの和が $(z_1(n), z_2(m))$ となる $(y_1(q), y_2(r))$ を求めればよい。その $(x_1(s), x_2(t))$ と $(y_1(q), y_2(r))$ の組合せ毎に、x の確率値と y の確率値と微小な矩形範囲の面積の積を合計したものが z のパラメータ範囲の位置 $(z_1(n), z_2(m))$ にある微小領域の確率値となる。その確率値を全ての z のパラメータ領域で求めたものが z の分布となる。つまり、$(z_1(n), z_2(m))$ の n を 0 から c_1-1 までスキャンして、そのそれぞれの n に対して m を 0 から c_2-1 までスキャンして、それぞれの確率値を求めるこ

とで、2次元分布の確率値が求まる。

　図5.4は分布の電卓を使って実際に演算を行ったものである。xとyの最小値、最大値、平均値をそれぞれの次元で和を求めると、zのそれぞれの次元での最小値、最大値、平均値となっているが、平均値は分布の分割数などによる誤差は残っている。また、それぞれの分布の体積も、ほぼ1.0となっている。説明は省くが、同様の演算方法によって3次元以上の分布の演算も可能である。

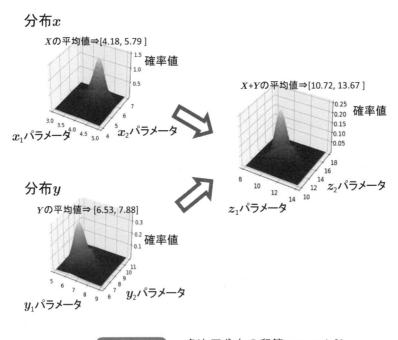

▲ 図5.4　多次元分布の和算 $z = x + y$

ベクトル

　平面や空間で長さと向きを持つもの。位置や方向を表すものと定義されている。ベクトル a を原点から座標 (a_1, a_2) までの長さと方向をもつもの、ベクトル b を原点から座標 (b_1, b_2) までの長さと方向をもつものとすると、ベクトルの和算は $a+b=(a_1+b_1, a_2+b_2)$ のように要素の和算のベクトルになる。ベクトルの減算は $a-b=(a_1-b_1, a_2-b_2)$ と要素の減算のベクトルになる。

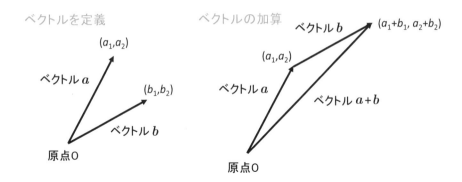

ベクトルを定義

(a_1, a_2)
ベクトル a
(b_1, b_2)
ベクトル b
原点O

ベクトルの加算

ベクトル b
(a_1+b_1, a_2+b_2)
(a_1, a_2)
ベクトル a
ベクトル $a+b$
原点O

ベクトルの減算

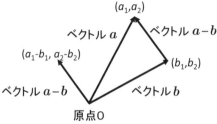

(a_1, a_2)
ベクトル a 　ベクトル $a-b$
(a_1-b_1, a_2-b_2)
(b_1, b_2)
ベクトル $a-b$ 　ベクトル b
原点O

これを応用して、分布の和算を求める場合、分布 X と分布 Y の和算が分布 Z として、分布 X と Y の領域の四隅のひとつを a と b とすると、Z の同じ四隅のひとつは $a+b$ となる。分布の減算ならベクトルの減算、分布の積ならベクトルの積、分布の商ならベクトルの商で演算結果の分布の領域が決まる。ただし、それぞれの最大値や最小値が演算結果の最大値や最小値にならないので注意が必要である。このように、分布の演算はベクトルを基本として、機能拡張を行ったものである。

分布の領域はベクトル演算と同じ

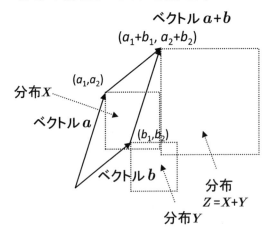

　同様に分布の確率値を求める場合も、分布 X と Y の領域内のある点をベクトル x とベクトル y として、そのベクトル和の位置 $x+y$ が分布 Z の領域であった場合、その点の分布 Z の確率値を求めるには、分布 X のベクトル x における確率値を p_x、分布 Y におけるベクトル y の確

率値を p_y とすると、$p_x \cdot p_y$ は分布 Z におけるベクトル $x+y$ の確率値の計算の一部となる。他にもベクトル和が $x+y$ と一致するベクトルの組合せが分布 X と分布 Y にあり、それを x' と y' とすると、その確率値を $p_x{}'$ と $p_y{}'$ として、その積を加算して、$p_x \cdot p_y + p_x{}' \cdot p_y{}'$ とする。これを和が $x+y$ の位置に一致する全てのベクトルの組合せで確率値の積を合成すれば $x+y$ での分布 Z の確率値が求まる。以上のことを分布 Z の全ての領域で行えば、Z の分布を求めることができる。

分布の確率値はベクトル演算の集合

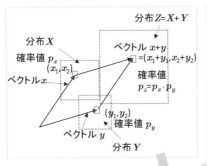

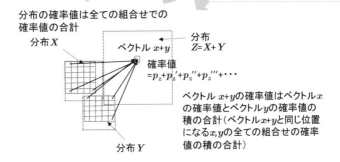

ベクトル $x+y$ の確率値はベクトル x の確率値とベクトル y の確率値の積の合計（ベクトル $x+y$ と同じ位置になる x, y の全ての組合せの確率値の積の合計）

5−4 分布の減算

　減算の求め方は、先ほどの和算において、結果の分布の所定のパラメータとなる組合せをリストアップした際の、和が一定となるラインを差が一定となるラインに変更すればよい。グラフ上で差が一定となるラインとは、傾きが+1となる直線のラインなので、それを前提として説明を行う。

　1次元分布 x と y が与えられたときに、その差の分布 z を求める方法を説明する。分布 x と分布 y とその減算結果 $z = x - y$ の分布 z の関係を示したのが図 5.5 で、x 軸が分布 x のパラメータ、y 軸が分布 y のパラメータを示す。x 軸上に配置した下向きの分布が x のパラメータ上の分布 x の位置を示す、y 軸上に配置した左向きの分布が y のパラメータ上の分布 y の位置を示す。演算範囲と書いた青の破線の枠の矩形の範囲内がそれぞれの分布のパラメータが取りうる範囲を示す。和算と同様に分布 z のパラメータも x 軸と同軸上にあるとして書いている。z 軸上に下向きに配置した分布が z のパラメータ上の分布 z の位置を示す。その最小値は演算範囲の左上隅から傾き +1 のラインに沿っておろした x 軸切片、最大値は演算範囲の右下隅から傾き +1 のラインに沿っておろした x 軸切片となる。この分布 z の最小値 z_{min} は分布 x の最小値と分布 y の最大値の差、分布 z の最大値 z_{max} は分布 x の最大値と分布 y

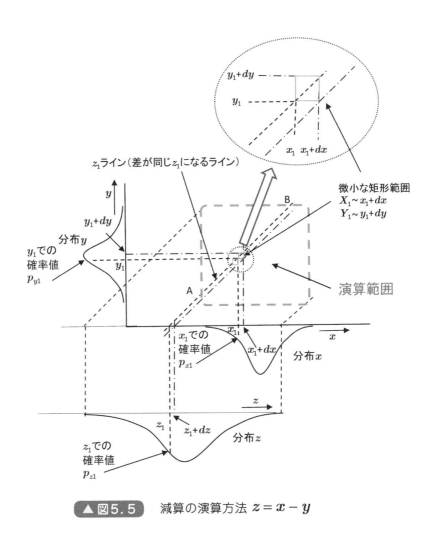

▲図5.5 減算の演算方法 $z = x - y$

の最小値の差に等しい。

　ここで分布 z の確率値 p_{z1} を求めるための、z 上の点 z_1 の定義は和算と同じである。分布 z のパラメータを等間隔に n 個で分割した点列として、$dz = (z_{max} - z_{min})/(n-1)$ の微小間隔で分割して、その任意の点を z_1 とする。和算と

異なるのは x と y の差が z_1 の値で一定となる z_1 ラインなので傾きが $+1$ の直線になり、その z_1 ライン上のある任意の点を (x_1, y_1) とすると、ライン上のどこでも x から y を引いた差は z_1 の一定値となる。

　分布 x 上の点 x_1 の確率値 p_{x1} と分布 y 上の点 y_1 の確率値 p_{y1} から、対応する微小な矩形範囲（$x_1 \sim x_1 + dx$ と $y_1 \sim y_1 + dy$ で囲まれる微小な矩形範囲、青枠で示す）に属する確率値を求め、それを z_1 ライン上で演算範囲と書いた青の破線の矩形範囲内にある領域全てで合計したものが z_1 の確率値 p_{z1} と dz の積となる。ここで微小な矩形範囲（青枠）に属する確率値は、先ほどの和算と同じで、x_1 の確率値 p_{x1} と y_1 の確率値 p_{y1} と微小な矩形範囲の面積 $dx \cdot dy = dz \cdot dz$ の積となる。

　分布 z 全体の求め方も和算と同様に z_1 ラインと演算範囲の外周とが交差する 2 つの点 A－B の間で、ライン上を移動させながら全ての確率値を合計したのが z_1 の確率値となる。これを z_1 の位置を $z_{\min}$ から $z_{\max}$ まで dz ずつ変化させながら全ての z で行えば、パラメータに対応する n 個の確率値の列が求まり、それが z の分布である。図 5.6 は、10 章で説明する電卓を使って分布 x と分布 y の減算の分布 z を実際に求めたものである。

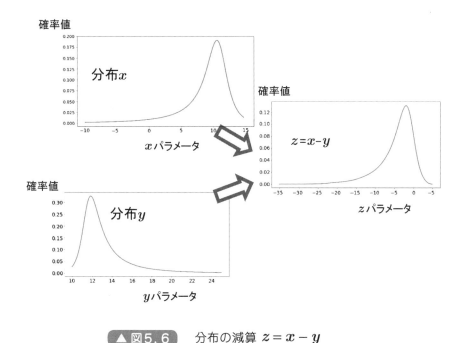

▲ 図5.6 分布の減算 $z = x - y$

　xとyの最小値、最大値、平均値をそれぞれで差を求めると、zの最小値、最大値、平均値となっている。それぞれの分布の面積も、ほぼ1.0となっている。減算の多次元化は、和算とほぼ同じなので説明を省く。

5−5　分布の積算

　積算の求め方は、先ほどの和算や減算と同様に、結果の分布の所定のパラメータとなる組合せをリストアップした際の、積が一定となるラインを求める。和算や減算はそのラインが直線であったが、積が一定となるラインは曲線になる。その曲線に沿って、xとyの組合せで、確率値の積を求めて合計すればよい。以上を前提として、積算の分布の求め方を説明していく。

　1次元分布xとyが与えられたときに、その積の分布zを求める。分布xと分布yとその積算結果$z = x \times y$の分布zの関係を示したのが図5.7で、和算と同様にx軸が分布xのパラメータ、y軸が分布yのパラメータを示す。演算範囲と書いた青の破線の枠の矩形がそれぞれの分布のパラメータが取り得る範囲を示す。そのグラフの右側に書いた分布が分布zで、まずzの最小値、最大値と演算範囲の対応について述べる。次に、そのzそのz_1パラメータ上の点z_1での確率値を求める方法を述べる。

　分布zのパラメータの最小値はxのパラメータ範囲の最小値とyのパラメータ範囲の最小値の積で決まるので、演算範囲の左下隅のポイントCが対応する。分布zのパラメータ最大値はxのパラメータ範囲の最大値とyのパラメータ範囲の最大値の積で決まるので、演算範囲の右上

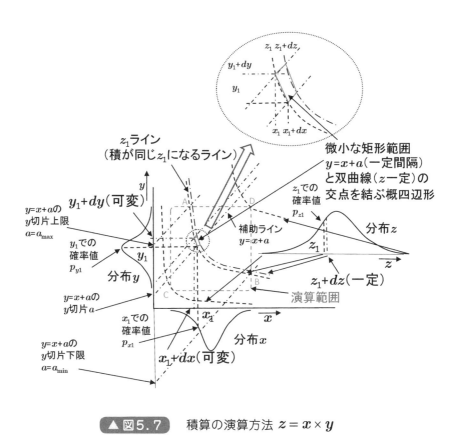

▲図5.7 積算の演算方法 $z = x \times y$

隅のポイント D が対応する。この位置関係は、x のパラメータ範囲と y のパラメータ範囲がともに 0 より大きい場合に限られる。したがって、0 より小さい領域をパラメータ範囲に持つ分布の場合は、最小値や最大値の位置が異なり、演算範囲の四隅で計算して、それらの 4 つの最小値を最小値 $z_{\min}$、最大値を最大値 $z_{\max}$ とする。

ここで分布 z の確率値を求めるための、z 上の点 z_1 の定義は和算の場合と同じである。分布 z のパラメータを等間隔に n 個で分割した点列として、$dz = (z_{\max} - z_{\min})/(n-1)$

の微小間隔で分割して、その任意の点を z_1 とする。今までと異なるのは、和算の場合 z_1 が一定になるラインは $x+y=z_1$ なので $y=z_1-x$ という傾き -1 の直線であったが、積算の場合で z_1 が一定になる z_1 ラインは $x \times y=z_1$ なので $y=z_1/x$ をプロットした双曲線と呼ばれる曲線であることと、和算の場合は、$x_1 \sim x_1+dx$ と $y_1 \sim y_1+dy$ で囲まれる矩形範囲であった領域が、$y=x+a$ のラインと双曲線で囲まれる概四辺形（微小矩形範囲）の形状であることの2つである。積が z_1 で一定となる双曲線の z_1 ラインを引いて、分布 x のパラメータ範囲を等間隔に分割すると、対応する分布 y のパラメータ上のポイントの間隔が極端に変化してしまう。これは誤差が拡大する原因になるので、$y=x+a$ という補助ラインを引いて、その補助ラインと双曲線の交点となる x_1 と y_1 の組合せから確率値を求める。補助ラインの y 軸切片である a の値を微小な間隔で変化させて隣り合う補助ライン2本と、z_1 を dz 間隔で変化させた複数の双曲線の中で隣り合う双曲線2本と、で構成する囲まれたほぼ矩形範囲を微小な矩形範囲（青枠）として、その矩形範囲に対応する x_1 での分布 x の確率値 p_{x1} と y_1 での分布 y の確率値 p_{y1} と矩形範囲の面積の積を求めて、それを a の値を変えて演算範囲の端 A から端 B まで順に変化させて合計したものを dz で割ったものが z_1 の確率値 p_{z1} となる。

　ここで、微小な矩形範囲を z_1 ライン上の A から B までの間で複数個区切るために、補助ライン $y=x+a$ の a は先ほどの A から B に対応する a_{max} から a_{min} まで、等間隔で変化させる。

これを全ての z で行えば z の分布が求まる。全ての z の範囲とは、x-y 座標で言うと、演算範囲の左下 C は x の最小値と y の最小値で、その積が z の最小値となり、演算範囲の右上 D は x の最大値と y の最大値で、その積が z の最大値となる。したがって、演算範囲の左下 C に接する双曲線から、右上 D に接する双曲線までを z を一定間隔 dz ずつずらした場合の双曲線を描き、それぞれの双曲線で z の確率値を演算していく。その際、それぞれの双曲線で、演算範囲の内側にある微小な矩形範囲で、そこに属する確率値を求めて合計する。この演算も 10 章で説明する電卓に組み込んであり、図 5.8 はその電卓を使って実際に演算を行ったものである。x と y の最小値、最大値、平均値それぞれで積を求めると、z のそれぞれの最小値、最大値、平均値となっている。それぞれの分布の面積も、ほぼ 1.0 となっている。

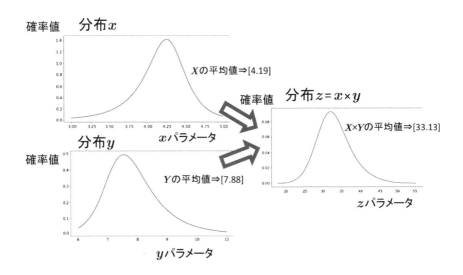

▲図5.8　分布の積算 $z = x \times y$

5－6　多次元分布の積算

　多次元の積算の求め方は、和算とはかなり異なり工夫が必要である。積の結果の分布領域は、演算元の分布 x を原点を中心とする相似拡大した領域になる。同様の考え方で、結果の分布の所定のパラメータの確率値を求める際に演算対象となる分布 x のパラメータの位置は、その所定パラメータの位置と原点を結ぶライン上に限られる。したがって、もうひとつの分布 y を1次元分布としてそのライン上に x の分布平面と垂直方向に設定すれば、そのラインと y 軸で構成する平面上の情報だけで結果の分布の所定パラメータの確率値を求めることができる。以上の考え方をもとにして、多次元の積算分布の求め方を説明していく。

　まず、前提条件として、2次元分布の積演算で、ベクトル演算と同様に多次元×1次元の演算として定義する。x を2次元分布、y を1次元分布とすると、$z = x \times y$ となる z の分布は、2次元分布 x を原点を中心として y だけ拡大した分布である。したがって、z の分布範囲は図5.9-1で示すように x の分布範囲を原点を中心として y のパラメータの最小値で相似拡大した領域 A と y のパラメータの最大値で相似拡大した領域 B の2つの領域とその間に挟まれた六角形の領域になる。また、原点と分布 z 上の任意のポイント z_0 を結ぶ線分を r 軸と

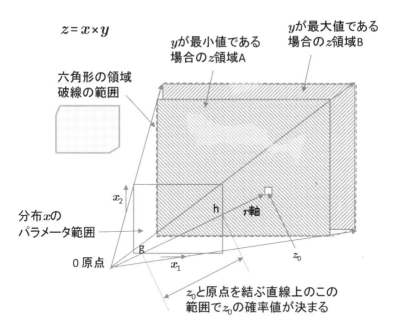

$z = x \times y$

yが最小値である
場合のz領域A

yが最大値である
場合のz領域B

六角形の領域
破線の範囲

x_2

分布xの
パラメータ範囲

h

r軸

0 原点

g

x_1

z_0

z_0と原点を結ぶ直線上のこの
範囲でz_0の確率値が決まる

▲図5.9-1　　積演算の多次元化
（x:2次元、y:1次元、z:2次元）

して、そのr軸とxの分布範囲の外周との交点をg,hと
すると、分布z上の任意ポイントz_0の確率値は、r軸上
のg-h間の分布xの確率値とyの確率値から求まる。

　以上に基づいて詳細を図5.9-2で説明する。分布xが占
める2次元分布範囲（以降は分布xのパラメータ範囲と呼
ぶ）はx_1軸とx_2軸で囲まれた矩形範囲、分布zが占める
2次元平面（以降は分布zのパラメータ範囲と呼ぶ）は、
先ほど述べた六角形の各頂点をabcdefとすると、a-bの延
長線とc-dの延長線の交点をb'、a-fの延長線とd-eの延長
線の交点をf'として、a-bをz_2軸、a-f'をz_1軸で構成す

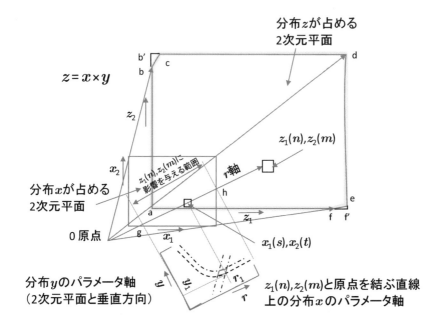

$z = x \times y$

分布zが占める
2次元平面

$z_1(n), z_2(m)$

分布xが占める
2次元平面

$z_1(n), z_2(m)$に
影響を与える範囲

r軸

0原点

$x_1(s), x_2(t)$

分布yのパラメータ軸
（2次元平面と垂直方向）

$z_1(n), z_2(m)$と原点を結ぶ直線
上の分布xのパラメータ軸

▲ 図5.9-2　積演算の多次元化
（x:2次元、y:1次元、z:2次元）

る座標系を定義する。z平面上各ポイントの確率値を求める
ために、先ほどの任意ポイント z_0 の座標を $(z_1(n), z_2(m))$
として、それと原点を結ぶ線を r 軸として座標軸を設定す
る。それと画面垂直方向に分布 y のパラメータ軸を設定
して、原点から $(z_1(n), z_2(m))$ までの距離が積となる r-y 平
面上の双曲線で、先ほどの1次元の積演算と同様のことを
行うと $(z_1(n), z_2(m))$ の確率値が求まる。その際、y の取り
うる範囲は y の最小値から最大値の範囲、r の取りうる範
囲は分布 x のパラメータ範囲の外周と r 軸との2つの交点

g-h の間の範囲である。この範囲で先ほど 1 次元の積演算で行ったことと同様に双曲線上に微小な矩形範囲を作成して、それぞれの範囲に属する確率値を演算して合計したものが $(z_1(n), z_2(m))$ の確率値となる。

この際、注意すべきことは r 軸上の x の確率値は原点から離れるほど領域が広くなることである。したがって、z_0 に加算される確率値に補正を加える必要がある。

これを全ての z 平面上で行えば、積の 2 次元分布が求まる。

図 5.10 は電卓を使って実際に演算を行ったものである。x と y の最小値、最大値、平均値をそれぞれの次元で積を求めると、z のそれぞれの次元での最小値、最大値、平均値となっている。それぞれの分布の体積や面積も、ほぼ 1.0 となっている。

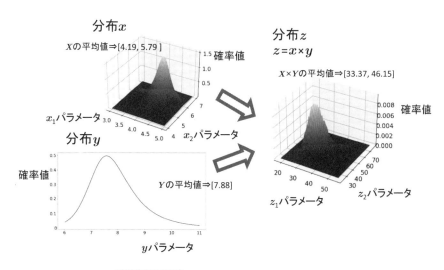

▲ 図 5.10　多次元分布の積算 $z = x \times y$

113

5-7 分布の商（割り算）

　割り算（商）の求め方でも、他の演算と同様に、結果の分布の所定のパラメータとなる組合せをリストアップした際の、割った値（商）が一定となるラインを求める。和算や減算はラインは傾きが一定の直線、積が一定となるラインは曲線であった。商算の場合は原点を通る直線になる。その直線に沿って、x と y の組合せで、確率値の商を求めて合計すればよい。以上を前提として、商算の分布の求め方を説明していく。

　図 5.11 が 1 次元の分布の割り算 $z = x/y$ の説明図で、和算と同様に x 軸が分布 x のパラメータ、y 軸が分布 y のパラメータを示し、x 軸と y 軸を今までと逆にしてある。x 軸上に配置した左向きの分布が x のパラメータ上の分布 x の位置を示し、y 軸上に配置した下向きの分布が y のパラメータ上の分布 y の位置を示す。演算範囲と書いた青の破線の枠の矩形がそれぞれの分布のパラメータが取りうる範囲を示す。y-x グラフの右側に書いた分布 z 上の点 z_1 での確率値 p_{z1} を求める。z_1 の定義は、今までと同様に、その最小値 $z_{\min}$ と最大値 $z_{\max}$ を求めて、その範囲を等間隔に n 個で分割した点列として、$dz = (z_{\max} - z_{\min})/(n-1)$ の微小間隔で分割して、その任意の点を z_1 とする。$z_{\min}$ と $z_{\max}$ を求める際に、どれが最小でどれが最大かはケースバイケースなので、積算と同様に演算範囲の四隅で計算

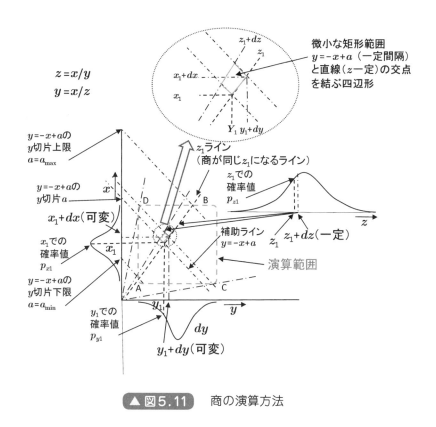

$z = x/y$

$y = x/z$

微小な矩形範囲
$y = -x + a$（一定間隔）
と直線（z一定）の交点
を結ぶ四辺形

$z_1 + dz$
z_1
$x_1 + dx$
x_1
$Y_1 \, y_1 + dy$

$y = -x + a$の
y切片上限
$a = a_{max}$

$y = -x + a$の
y切片a

x

D B

$x_1 + dx$（可変）

x_1での
確率値
p_{x1}

x_1

$y = -x + a$の
y切片下限
$a = a_{min}$

A C

z_1ライン
（商が同じz_1になるライン）

z_1での
確率値
p_{z1}

補助ライン
$y = -x + a$

z

z_1 $z_1 + dz$（一定）

演算範囲

y_1

y

y_1での
確率値
p_{y1}

dy

$y_1 + dy$（可変）

▲図5.11　商の演算方法

して、それらの4つの最小値を最小値z_{min}、最大値を最大値z_{max}とする。商が一定値であるz_1となるz_1ラインはy-x座標上で原点を通る直線になり、その上の点を(x_1, y_1)とすると、分布x上の点x_1の確率値p_{x1}と分布y上の点y_1の確率値p_{y1}から、後で述べる微小な矩形範囲（青枠）に属する確率値を求め、それをz_1ライン上の演算範囲と書いた青の破線の矩形範囲内（AからBの間）で合計したものがz_1の確率値となる。これを全てのzで行えばzの分布が求まる。全てのzの範囲とは、y-x座標で言うと、

演算範囲の右下であるポイントCはxの最小値とyの最大値で、その商がzの最小値となり、演算範囲の左上であるポイントDはxの最大値とyの最小値で、その商がzの最大値となる。したがって、演算範囲の右下と原点を通る直線から、左上であるポイントDと原点を通る直線まで、zを一定間隔dzずつ傾きを振った場合の直線を描き、それぞれの傾きの直線（z_1ライン）でzの確率値を演算していく。その際、それぞれのz_1ラインと、$x = -y + a$という補助ラインを引いて、補助ラインのx切片であるaの値を微小な間隔で変化させる。その隣り合う補助ライン2本とz_1ラインを変化させた隣り合う2本で囲まれた範囲を微小な矩形範囲（青枠）とする。そこに対応するx_1の確率値p_{x1}とy_1の確率値p_{y1}と矩形範囲の面積との積を求めて、それをaの値を変えてz_1ライン上の演算範囲の端Aから端Bまで順に変化させて合計したものをdzで割ったものがz_1の確率値p_{z1}になる。

ここで微小な矩形範囲がz_1ライン上のAからBまで変化させるために、補助ライン$x = -y + a$のaは図中の$a_{\min}$と$a_{\max}$まで等間隔で変化させる。そのように演算範囲内の全てのzでp_{z1}を求めたものが商の分布となる。全てのzの範囲でp_{z1}を求めるとは、先ほど説明した演算範囲の右下であるポイントCと原点を通る直線から、左上であるポイントDと原点を通る直線までをzを一定間隔dzずつずらした傾きで直線を描き、それぞれの傾きの直線（z_1ライン）でzの確率値p_{z1}を演算するということである。

図 5.12 は分布の電卓を使って実際に演算を行ったものである。x と y の最小値、最大値、平均値それぞれで商を求めると、z のそれぞれの最小値、最大値、平均値となっている。それぞれの分布の面積も、ほぼ 1.0 となっている。

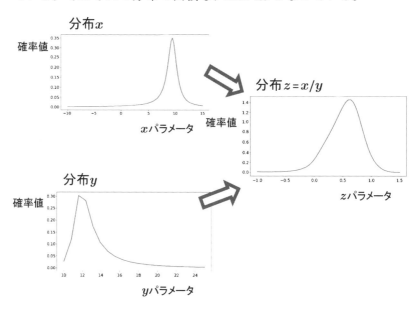

▲図5.12　分布の商算 $z = x/y$

5-8 多次元分布の商（割り算）

　多次元の商算の求め方は、積算に近い。商算の結果の分布領域は、演算元の分布 x を原点を中心とする相似縮小した領域になる。結果の分布の所定のパラメータの確率値を求める際に演算対象となる分布 x のパラメータは、その所定パラメータと原点を結ぶライン上に限られる。したがって、積算と同様に、もうひとつの分布 y のパラメータ軸をライン上に x の分布平面と垂直方向に設定すれば、そのラインと y 軸で構成する平面上の情報で結果の分布の所定パラメータの確率を求めることができる。

　x を 2 次元分布、y を 1 次元分布とすると、$z = x/y$ となる z の分布は、y の範囲が 1 より大きければ分布 x を原点を中心として y だけ縮小した分布である。したがって、z の分布範囲は図 5.13-1 で示すように x の分布範囲を原点を中心として y のパラメータの最小値で相似縮小した領域 A と y のパラメータの最大値で相似縮小した領域 B の 2 つの領域とその間に挟まれた六角形の領域になる。また、原点と分布 z 上の任意のポイント z_0 を結ぶ線分を延長した軸を r 軸として、その r 軸と x の分布範囲の外周との交点を g,h とすると、分布 z 上の z_0 の確率値は、r 軸上の g-h 間の分布 x の確率値と分布 y の確率値から決まる。

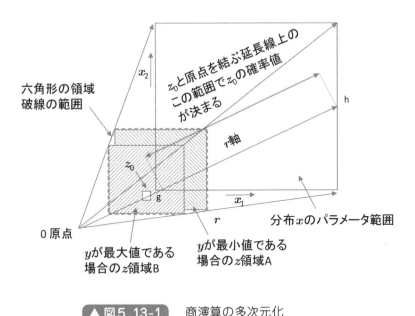

▲ 図5.13-1　商演算の多次元化
（x:2次元、y:1次元、z:2次元）

　図5.13-2に先ほどの2次元の積演算と同様に定義した
z_1軸とz_2軸で構成する座標系を示す。z平面上各ポイン
トの確率値を求めるために、先ほどの任意ポイントz_0の
座標を$(z_1(n), z_2(m))$として、それと原点を結ぶ線の延長線
をr軸として座標軸を設定する。そのr軸と画面垂直方向
に分布yのパラメータ軸を設定して、原点から$(z_1(n), z_2(m))$
までの距離が商となるy-r平面上の原点を通る直線で、先
ほどの1次元の商演算と同様のことを行うと$(z_1(n), z_2(m))$
の確率値が求まる。

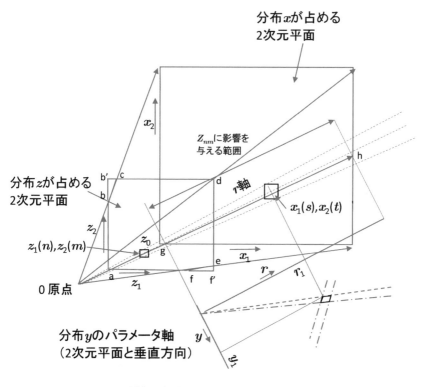

分布xが占める
2次元平面

x_2

Z_{nm}に影響を
与える範囲

r軸

$x_1(s), x_2(t)$

分布zが占める
2次元平面

z_2

$z_1(n), z_2(m)$

z_0

x_1

0 原点

z_1

r

r_1

分布yのパラメータ軸
（2次元平面と垂直方向）

y

▲ 図5.13-2　商演算の多次元化

　r軸とy軸で構成される座標の、yの取り得る範囲はyの最小値から最大値の範囲、rの取り得る範囲は交点 g-h の間の範囲である。この範囲で先ほど1次元の商演算で行ったことと同様に直線上に微小な矩形範囲を作成して、それぞれの範囲に属する確率値を演算して合計したものが$(z_1(n), z_2(m))$の確率値となる。この際、注意すべきことはr軸上のxの確率値は原点から離れるほど広い領域に属する分布を考慮する必要があるので、z_0に加算される確率値に補正を加えるという点である。

これを全ての z 平面上で行えば、商の 2 次元分布が求まる。図5.14は電卓を使って実際に演算を行ったものである。

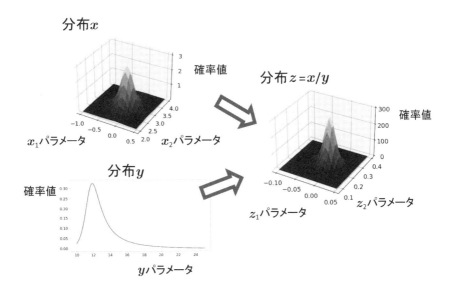

▲ 図5.14 多次元分布の商算 $z = x/y$

x と y の最小値、最大値、平均値をそれぞれの次元で商を求めると、z のそれぞれの次元での最小値、最大値、平均値となっている。それぞれの分布の体積や面積も、ほぼ1.0となっている。

5 - 9 非可逆性

　以上のやり方を応用することで分布による四則演算を
使った様々な式の演算が可能になる。また、ここで説明し
た2次元の演算を3次元以上に拡張することも同様に可能
である。しかし、ここで注意すべきことがある。演算を拡
張することで図5.15のような式を演算することは可能で
あるが、図5.16のように分布の整数倍でない係数を含む
ものは、そのままでは演算できない。

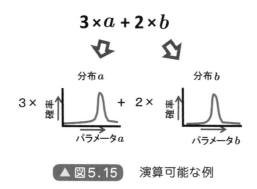

▲図5.15　演算可能な例

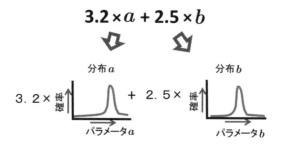

▲図5.16　このままでは演算できない例

図 5.15 は分解すると、図 5.17 のように分布の整数倍は
整数個の分布を全て和算したものと等しいので、和として
計算することができる。

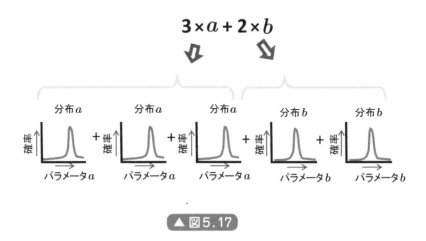

▲ 図 5.17

　ところが、図 5.16 のように整数以外の小数点などの倍
数をするためには、分布を 1/10 や 1/2 に分割したものを
加算する必要がある。例えば、1/2 に分割するということ
は、分割した後の分布を 2 つ合計したものが元の分布に
ならなければならない。9 章でも述べるが、そのような分布
を求めることはできない。単純にパラメータを分割したも
のの和を求めても元の分布にならないだけでなく、そのよ
うな分布を一般的に求めることはむずかしい。これは分布
演算は逆演算ができない非可逆性を持っていることによ
る。

　そこで、整数以外の倍数を持つ式の演算として可能な方

法は、9章で説明する分布の距離積分を使うことである。

　図5.18のように微小な dt として 0.1 を与えて、分布 (分布 $a \times 0.1$) × 25 回という形で積分を行うことで、整数以外の倍数の分布を求めることができる。

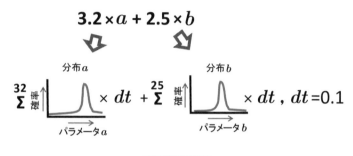

▲図5.18

9章で説明する分布の積分として演算

　先ほどの 1/2 などの逆演算ができないことは、分布による演算が、加算でも減算でもその分布の範囲が演算毎に拡大していくことから、1/2 にするという係数の意味が四則演算とは異なることだと理解してもらえるだろう。分布演算は、演算毎にそのバラツキの範囲が広がっていくのであって、バラツキを減少させることはできない。p.123 で述べた演算の非可逆性に加えて、分布の演算を行うことで、演算元の分布の形状の凹凸などのプロフィールは演算によって平滑化されてなめらかになる。これは、熱力学のエントロピーの増加と同じ意味を持っており、時間とともに無秩序な方向に向かっていく時間の矢を表していると考

えることができる。

　以上のように分布による演算は、小数点が単純に扱えない、といった制約があり、注意深く行う必要がある。しかしアルゴリズム化できるものはアルゴリズム化することでツールとして誰でも容易に活用は可能だと思っている。図 5.18 の「3.2」や「2.5」のような整数以外の係数についても、いずれは関数化して意識しないでも演算可能な状態に持っていきたい。これらアルゴリズムを組合わせたプログラムは、様々な場合分けが必要となり、複雑なので、本書では全てを説明することはできない。しかしながら、10 章で説明する分布の電卓を使ってもらうことで、ある程度は誰でも演算が可能になっている。電卓は現時点で 3 次元までの分布の四則演算や、本書で触れて時系列演算や積分演算が可能である。しかし、まだ未完成の部分も多く、改善も必要な状態である。このツールはこれからも改善していく。

この章のまとめ

☐ 実際の設計など様々な実務で使えるように、大規模な
データを扱うためのアルゴリズムを以下の四則演算そ
れぞれで説明した。

- 分布の和算を行うためのアルゴリズム

- 和算を多次元分布として扱うためのアルゴリズム

- 分布の減算を行うためのアルゴリズム

- 分布の積算を行うためのアルゴリズム

- 積算を多次元分布として扱うためのアルゴリズム

- 分布の商算を行うためのアルゴリズム

- 商算を多次元分布として扱うためのアルゴリズム

☐ 分布演算の注意点として逆演算ができないこと、
それによる課題と対応方法について説明した。

第 6 章

分布による比較
（ステップ2）

　3章のステップ2として概要を述べた、分布を比較する方法について、以下を説明する。

- 分布を比較するために区別するケース
- 比較するために行う分布の処理方法
- 比較結果をグラフとして表示した場合の注意点
  （1次元から3次元までの表示方法）

6-1 分布の比較と考え方

　ここでは、3章3節でその概要を述べたステップ2の、2つの分布を比較する方法について説明する。「比較する」とは、片方の分布のパラメータが別の分布のパラメータを上回ったり下回ったりということを定量化して、その確率を厳密に演算する方法である。その方法を説明するために、最初に、分布を比較する際に区別しておくケースがあるので、ご紹介する。分布演算を使って目標と実力のような相反する分布を同じパラメータ単位として求めて比較することで、実力が目標を上回る確率が何%であるか、といったバラツキを含めた厳密な比較が可能になる（図6.1）。

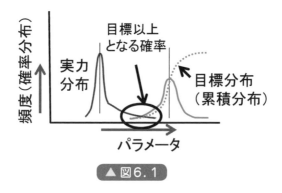

▲図6.1

　その分布の比較の考え方や方法を説明する。ここで、分布の比較を行う場合、次の3つのパターンを考えてほしい。

　①目標を上回る確率（図6.2）

　②目標を下回る確率（図6.3）

　③目標と一致する確率（図6.4）

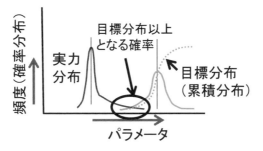

例：システムの性能・信頼性を確保

▲図6.2　①実力が目標を上回る確率

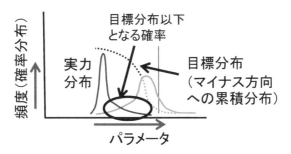

例：負荷が限度を超えない確率

▲図6.3　②実力が目標を下回る確率

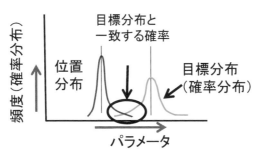

例：砲弾が標的に的中する確率

▲図6.4　③狙いが目標に一致する確率

図6.2の上回る確率は、3章でいろいろ例を挙げたような応用が考えられる。図6.3の下回る確率は、例えば負荷が限度を超えない確率を求めるなどの応用が考えられる。③の一致する確率は、例えば、砲弾が標的に的中する確率を求める場合などが考えられる。ここで注意しなければならないことは、3パターンそれぞれ分布の扱い方が異なることである。図6.2の目標を上回る確率は、目標分布をプラス側に累積した累積分布を作成して、比較する確率分布との間で、パラメータ毎に確率値の積を求めて合計したものである。求めたい分布は上回る確率なので、あるパラメータ値をとると、対象となる確率分布の確率値と、目標分布がそのパラメータ値より小さい領域の面積との積が、実力値が目標値を上回る確率である。したがって、目標分布をプラス側に累積した累積分布を使う。図6.3の目標を下回る確率は、目標分布をマイナス方向に累積した累積分布と、比較対象の確率分布を使う。図6.4の一致する確率は、目標の確率分布と比較対象の確率分布を、パラメータ毎に確率値の積を求めて合計したものが一致する確率となる。本書で説明する電卓には、一致する確率は実装されていない。

　さらに、多次元分布を比較する場合は、目標となる累積分布の累積方向を範囲を持つ方向として定義して、その方向に向かう確率を求めることになる。具体的には、目標分布を累積する方向を範囲で定義した多次元累積分布と、比較する対象の分布との確率値の積を求めて合計したものが、その方向に向かう確率となる。まず、その累積分布について詳しく説明する。

6-2 累積分布の求め方

　分布の比較を行うために、累積分布の求め方について説明する。図6.5は1次元の累積分布の例で、青の実線がパラメータ x の確率分布、青の破線が確率分布をプラス方向に累積した累積分布である。

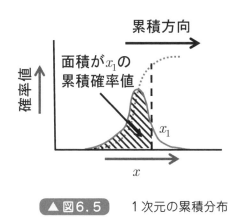

▲図6.5　1次元の累積分布

　x 上のある点 x_1 の累積分布の確率値はパラメータ x の最小値から x_1 までの確率分布を積分した面積になる。これを最小値から最大値まで求めたものが累積分布となる。同様にマイナス方向に累積した累積分布では、x_1 での累積分布確率値が、パラメータ x の最大値から x_1 までの確率値を積分した面積となる。これを最小値から最大値まで求めたものが、マイナス方向に累積した累積分布である。

図6.6は多次元分布の累積分布の例で、分布を模式的に等高線で描いたものである。

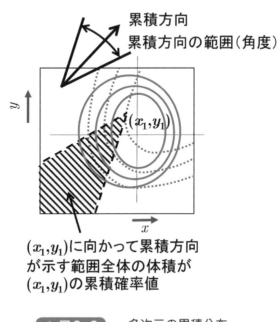

累積方向
累積方向の範囲（角度）

(x_1, y_1)

(x_1, y_1)に向かって累積方向
が示す範囲全体の体積が
(x_1, y_1)の累積確率値

▲図6.6　　多次元の累積分布

　青の実線が確率分布で、青の破線が累積分布である。この場合の累積方向は、ベクトルを中心とする角度でその範囲を定義して、累積方向の範囲に含まれる全ての方向のベクトルがその累積方向を示す。その場合、x-y平面上のある点 (x_1, y_1) での累積分布の確率値は、(x_1, y_1) に向かう全ての累積方向に含まれる確率分布の確率値を積分した体積とする。図の黒破線で挟まれたハッチングの部分が (x_1, y_1) の累積方向が含まれる範囲でこの範囲の確率分布の確率値を積分した体積が (x_1, y_1) の累積した確率値となる。この

確率値を分布のパラメータ範囲全てで求めたものが2次元の累積分布となる。

　3次元分布の累積分布は、1つの3次元ベクトルとそれを中心とする2つの角度で累積方向の範囲が定義される。3次元の確率分布のパラメータ範囲のポイント (x_1, y_1, z_1) の累積分布の確率値は、その点を頂点とするベクトルと2つの角度で示された四角錐の内側の確率分布の確率値を積分した超体積となる。

　以上のように、多次元の累積分布とは、範囲を持った方向を定義して、そちらに向かって確率分布を積分したものである。その累積分布によってはじめて2つの分布を比較することが可能になる。

6－3 比較する分布の関係

　先に説明した実力と目標（の累積分布）の２つの分布の確率値の積で構成される分布を、ここでは達成分布と呼ぶことにする。この達成分布の面積が、実力が目標を上回る確率値や下回る確率値を与える。これを達成確率と呼ぶことにする。達成分布は、先に定義された目標分布（累積分布）と実力分布（確率分布）の重複する領域をパラメータ範囲として、それぞれのパラメータで目標の累積分布の確率値と実力の確率分布の積を確率値とする。

　ここで、図6.2の上回る確率を求める際に、２つの分布の位置関係によって達成分布がどのようになるか確認してみる。図6.7は実力分布が目標分布を完全に下回る場合で、目標分布の累積分布と実力分布の重なりがないので、達成分布は存在しない。したがって達成分布の面積は0.0で、達成確率は０％となる。

目標を完全に下回る
達成確率=0%
（達成分布がない）

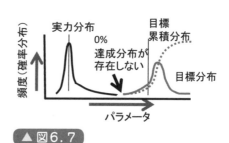

▲図6.7

　図6.8は実力分布が目標分布を完全に上回る場合で、これは実力分布が目標分布の累積分布が確率値1.0の領域

に含まれるので、達成分布は実力分布と一致する。したがっ
て達成分布の面積は1.0で達成確率は100％となる。

目標を完全に上回る
達成確率=100%
（達成分布と
実力分布が一致）

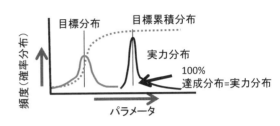

▲図6.8

　図6.9はその中間で、実力分布と目標分布の累積分布確
率値が0～1.0の間に重なりがある場合で、達成分布の面
積は0.0から1.0の間の値となり、達成確率は実力が目標
を上回る確率を与える。

実力分布と目的分布
が重なる場合の確率
達成確率=X%
（面積1.0以下の
達成分布）

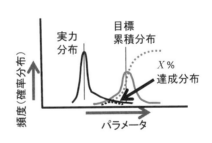

▲図6.9

　以上のように3つの状態は連続してつながっており、分
布の関係が連続して遷移していることを表している。確率
値を求める場合は累積分布を使わなければならない理由を
理解してもらえるのではないだろうか。

6－4　比較結果の例

　図 6.10 は実際の分布を使って比較のグラフを作成した
もので、10 章で説明する分布の電卓を使って作成したも
のである。

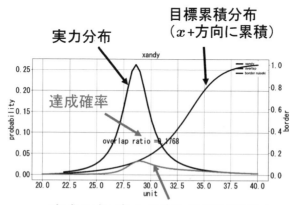

目標累積分布
（x+方向に累積）

実力分布

達成確率

達成分布：実力分布と目標累積分布
の確率値積の分布（面積が達成確率）

▲ 図6.10　分布の比較

　累積分布は確率値のスケールが右側に表示されており、
最大値が 1.0 となっている。実力分布と達成分布の確率値
のスケールは左側に表示されている。達成確率は図中に
"overlap ratio =" として表示されるようにしている。
　ここで、図 6.11 で表示した 3 つのグラフは、実力分布
と目標分布の間隔を 1 割くらいずつ狭めたもので、達成確
率は左から 0.1 ％ → 1.4 ％ → 8.7 ％と 1 桁ずつ増加している。

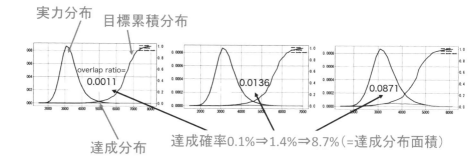

実力分布　目標累積分布

達成分布

達成確率0.1%⇒1.4%⇒8.7%（=達成分布面積）

▲図6.11　分布の位置を変化させたときの確率値

　しかし、達成分布は実力分布と比べて確率値が何桁も小さいので、見た目0.0にへばりついている。図6.12は、同じグラフを縦軸対数表示にしたものである。

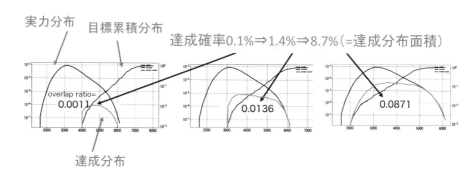

実力分布　目標累積分布　達成確率0.1%⇒1.4%⇒8.7%（=達成分布面積）

達成分布

▲図6.12　分布の対数表示

　対数表示にすると、達成分布が見えるようになっており、達成確率の増加に従って領域が拡大していることがわかる。このようにピークの確率値に大きな差がある1次元

137

の分布を表示する場合は、対数表示にする。10章で説明する電卓では、1次元分布だけ対数表示と線形表示の2つのグラフを出力する。

　図6.13は2次元分布を比較したグラフである。

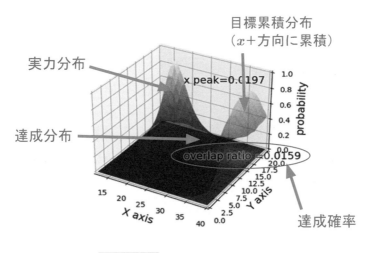

　2次元分布の比較グラフは全体のスケールは目標分布にあわせて最大値が1.0になっている。実力分布と達成分布は目標分布と同じくらいの大きさになるように異なるスケールで表示している。実力分布のピーク値は"x peak="として、達成分布の体積である達成確率は"overlap ratio ="として数値で表示している。目標分布は、達成方向を領域で指定する必要があり、この場合 x 軸がプラスの方向で90度の広がりを持つ範囲で累積した累積分布として表示している。

図 6.14 は 3 次元分布を比較したグラフである。

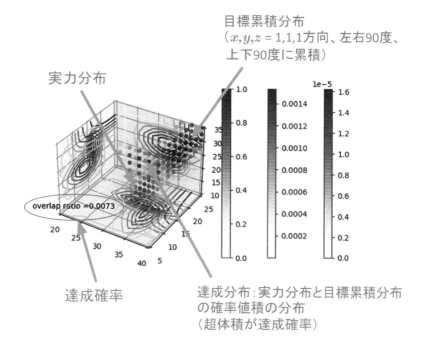

目標累積分布
（$x, y, z = 1, 1, 1$方向、左右90度、
上下90度に累積）

実力分布

overlap ratio =0.0073

達成確率

達成分布：実力分布と目標累積分布
の確率値積の分布
（超体積が達成確率）

▲図6.14 3次元分布の比較

　それぞれの分布の確率値は、ドットのヒートマップとして表現しており、右側のカラーバーにそのスケールが示されている。本書の図では同じ色になっているが、実際は実力分布が緑色、目標分布が青色、達成分布が赤色として表示される。3次元の分布を3方向に投影した2次元分布を等高線で表示しており、等高線はピーク値を等間隔で表示している。確率値のピーク値をカラーバーで確認すると、それぞれ3桁〜5桁の差がある。目標分布の累積方向は x, y, z が 1, 1, 1 の方向に、上下 90 度と左右 90 度の 2 つの

方向の範囲で累積分布を作成している。

　以上のように従来の数値演算による演算結果を数値だけ
で比較した場合、値の大小だけの比較であったためにバラ
ツキによる誤判断の可能性があるが、分布による比較がで
きることでバラツキを考慮した厳密な比較ができることが
分かってもらえるのではないだろうか。

　以上の技術について、10章でツール（分布の電卓）を
使った分布による演算や比較を行う際の使い方を説明し、
11章で具体的な実施例を説明する。

この章のまとめ

- [ ] 先に説明した、2つのステップのうち、2つめのステップとして、分布の比較について説明した。

- [ ] 比較は、片方の分布がもう一つの分布を上回る確率を求める場合、下回る確率を求める場合、一致する確率を求める場合の3つのケースは演算方法が異なる。

- [ ] 上回る確率を求める場合はプラス方向に累積した累積分布、下回る確率を求める場合はマイナス方向に累積した累積分布を求め、確率分布と累積分布の確率値の積を求める。一致する確率を求める場合は確率分布どうしの確率値の積を求める。

- [ ] 上回る確率を求める場合で、完全に上回っている場合は100%、完全に下回っている場合は0%、分布に重なりがある場合は、重なりによって上回る確率が求まり、分布の上下関係を連続して表している。

- [ ] 2つの分布の位置関係によって、達成分布の形状が変化して確率値が変化する様子を示した。1次元から3次元の分布の比較について説明した。

第 7 章

相関関係がある分布の演算

　ここでは、演算を行うデータの間に相関関係がある場合の演算方法について説明する。ここまで見てきた分布演算は、相関関係がなく、演算対象が相互に独立で、それぞれのパラメータが、相手のパラメータに対して自由に値を取りうる場合のものであった。相互に従属関係や影響があるデータを扱う場合は、相関関係を考慮した演算を行う必要がある。

7−1 相関関係とは

　ここでは、分布として演算する対象のデータの間に相関関係がある場合の演算方法を説明する。4章、5章で説明した分布の演算は全て演算対象データ間に相関関係がなく、それぞれ独立したデータとして演算を行ってきた。ここで扱う相関関係があるデータとは、対象となる2つのデータ x と y がほぼ同時かセットで測定されて、そのセットをプロットすることができることが前提である。セットのデータを x-y 座標にプロットした際、そのプロットが図7.1の青破線の枠の内側にまんべんなく分布している状態が相関関係がない状態、つまり x と y のデータは相互に無関係にそれぞれの最小値から最大値の間の値を取りうるということである。

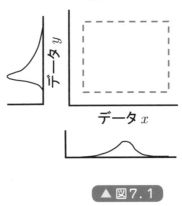

▲図7.1

プロットが図7.2の青破線の範囲の内側のように右上がりの領域に分布している状態が正の相関関係、青実線の範囲の内側のように左上がりの領域に分布している状態が負の相関関係となる。

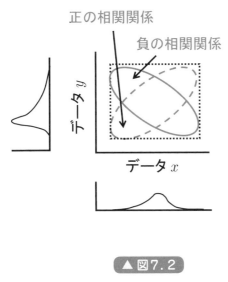

データ間の相関がある場合の存在範囲

　これは、xとyの関係が、どちらかがどちらかに従属しているか、相互に関係したデータの場合で、そのような可能性がある場合は相関係数を考慮して演算を補正する必要がある。ここでは、従来から使われている相関係数rに基づいて演算を補正する。

従来から知られている相関関係は、図 7.3 に書かれた式で示す相関係数 r を求めることで、$-1 \sim +1$ の間の指標で表現される。

$$\text{データ } x_i \quad i = 0 \sim n-1$$
$$\text{データ } y_i \quad i = 0 \sim n-1$$

$$\text{mean}x = (\Sigma x_i)/n$$
$$\text{mean}y = (\Sigma y_i)/n$$

$$\text{相関係数 } r = \frac{\Sigma(x_i\text{-mean}x) \times (y_i\text{-mean}y)/n}{(\Sigma(x_i\text{-mean}x)^2/n)^{0.5} \times (\Sigma(y_i\text{-mean}y)^2/n)^{0.5}}$$

▲図7.3

それぞれ n 個のデータ x, y の間の相関係数

　これは $r > 0$ であれば先ほど説明した正の相関関係、$r < 0$ であれば、負の相関関係に対応する。相関係数 r は x と y のそれぞれの平均からの偏差の積（共分散）を x の標準偏差と y の標準偏差で割った値で、例えば図 7.2 の右図の青破線の楕円のように右肩上がりの領域で半分くらいの面積に制限された分布のデータであれば相関係数 $r = +0.5$ 程度、青実線の楕円のように右肩下がりの領域で半分くらいの面積に制限された分布であれば相関係数 $r = -0.5$ 程度と計算される。

　相関関係があるデータの分布を演算する場合は、5 章の分布の演算で説明した演算範囲を、この青破線や青実線に楕円の内側に制限することで求めることができる。

相関関係があるデータはもともとこの範囲しかデータが存在しないはずなので、その範囲だけで演算するという意味である。実際には相関係数が同じ $r = 0.5$ だったとしても、個々のデータが実際にプロットされたプロットの分布の形は様々な可能性があり、それを特定の範囲に存在していると仮定しているので正確に求めることはできない。この相関係数を指定した演算は近似演算であることを承知のうえで使ってもらいたい。正確に求めるためには、演算範囲でデータのセットがプロットされた相関関係を示す分布を求めて、分布演算をその分布の確率値で加重平均したうえで求める必要がある。しかし、今はそこまでやっていないので、将来の宿題とさせてもらう。

相関係数に応じた分布の演算

　図 7.4 は、X と Y に相関関係があるとして、分布の和算を行った場合の結果の分布である。

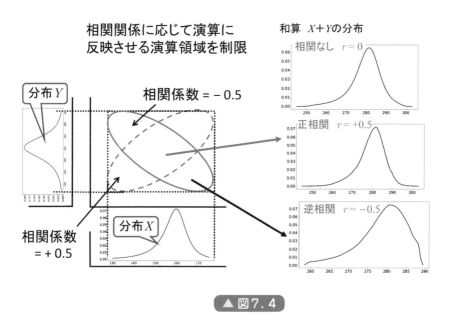

相関関係に応じて演算に反映させる演算領域を制限

和算　$X+Y$ の分布

相関なし　$r = 0$

正相関　$r = +0.5$

逆相関　$r = -0.5$

分布 Y

相関係数 $= -0.5$

分布 X

相関係数 $= +0.5$

▲ 図 7.4

　独立なデータの和算が一番上の $r = 0$ とした分布、正の相関 $r = +0.5$ の場合は真ん中の分布、負の相関 $r = -0.5$ の場合は、一番下の分布となる。正の相関関係の場合、相関がない分布に比べて両脇の裾野が低くなって、ピークが高くなっている。負の相関関係の場合、最小値が大きく、最大値が小さくなり、分布のパラメータ領域が狭くなっている。これは、和算の場合であるが、減算の場合は逆にな

る。演算毎に確率分布の形状がどうなるかはケースバイ
ケースである。

　図7.5は国内のガソリン価格（円）と為替（円／ドル）
の分布からガソリン価格（円）／為替（円／ドル）の割り算
を行って、アメリカでのドルのガソリン価格の分布を推定
した例である。

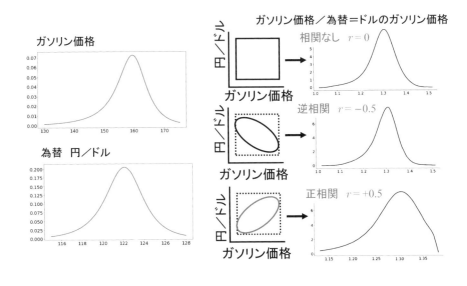

▲図7.5

　分布は適当に作ったものなので実際のデータとは異な
る。右側のグラフは上から相関係数が0の場合、−0.5の
逆相関（負の相関）の場合、0.5の正相関の場合であり、実
際に分布の割り算を行った結果を示している。

2022年 年初の実際のガソリン価格と為替の変動を見てみると、為替は円安で円／ドルは上昇しており、ガソリン価格も上昇しているので、正の相関となっており、3番目のグラフのようになっていると推測する。これは円が安くなると、輸入品であるガソリン価格は高くなり、ドルのガソリン価格はそれほど変動しないという計算結果になり、理にかなっている。

　ところが実際にはアメリカの物価上昇が大きかったり、日本では政策的に価格が抑えられたり、ということで計算した分布や相関係数とも異なってくるので、そうであれば他の要因の影響が大きいということも言える。この相関を考慮した分布演算は、データ間の相関関係を推定するツールとしても機能すると考える。

　以上のように、分布演算を行う際には、データ間に相関関係があるかどうかを慎重に判断する必要がある。相関関係の可能性があれば、データ間で図7.3の演算を行い、相関係数を計算して、$r = -0.2 \sim 0.2$ 程度の 0 近辺であれば独立なデータとして演算を行う。$r = -0.2 \sim 0.2$ に入らない相関係数であれば、10章で説明する分布の電卓で相関係数を指定して演算を行うということが必要である。ただし、この相関係数を指定した演算は、現時点では大まかな近似計算であり、目安としてとらえてほしい。時系列演算を行う場合にも考慮すべき相関関係がある。それについては、後で詳説する。

この章のまとめ

☐ 相関関係があるデータの分布を演算する場合は、両者の組合せが存在する演算範囲を相関係数に応じた範囲に制限することで演算できる。演算毎に、演算結果の分布の形状は異なる。

☐ 相関関係があるデータの演算例として、ガソリンの国内価格と為替からアメリカでのドルのガソリン価格を推定する例を説明した。

第 8 章

分布による時系列演算

　ここでは、時系列演算を行う場合の演算方法について説明する。時系列演算では、初期の位置や速度が相互に独立なデータとして演算した場合でも、時間経過とともに特殊な相関関係が発生する。その原因と、変化するメカニズムを解説し、そのような場合の演算方法を紹介する。

8−1 時系列演算の相関関係

　移動物の時系列変化を分布として演算する場合の課題と対処法について説明する。移動物の位置と速度は、それぞれバラツキがある分布として与えた場合、バラツキの範囲内でも速度が速いものは遠方に届くし、遅いものは近傍にとどまる、という差が発生する（図8.1）。

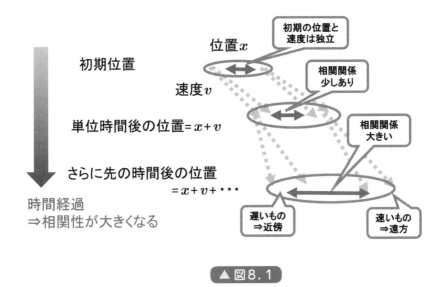

位置 x
初期の位置と速度は独立
初期位置
速度 v
相関関係少しあり
単位時間後の位置 $= x + v$
相関関係大きい
さらに先の時間後の位置 $= x + v + \cdots$
時間経過 ⇒相関性が大きくなる
遅いもの ⇒近傍
速いもの ⇒遠方

▲図8.1

　これは、位置と速度は、初期値としてそれぞれ独立の分布を与えたとしても、次の瞬間には、その位置と速度の間に相関関係が発生して、それが時間とともに強くなっていくことを示している。したがって、その時間とともに変化する相関関係を考慮した分布演算を行う必要がある。演算

する分布の間に相関関係がある場合の演算は、5 章の図 5.1
で和算の演算を説明したように、青の破線の枠で示す演算
範囲を変化させることで演算できる。相互に独立のデータ
を扱う場合に矩形の範囲だった演算範囲を、その時の相関
関係に相当する範囲に制限する。図 8.2 は位置と速度の時
系列演算を行う場合に、演算範囲がどのように変化するか
を示したものである。

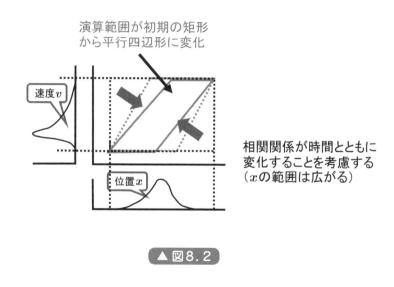

演算範囲が初期の矩形
から平行四辺形に変化

速度 v

相関関係が時間とともに
変化することを考慮する
（xの範囲は広がる）

位置 x

▲図8.2

　最初に速度と位置の分布は相互に独立なので、演算範囲
は矩形全体であるが、多少でも時間が経過した時点では、
速度が速い場合は遠方に届き、遅い場合は近傍に留まるの
で青い破線の平行四辺形に制限される。さらに時間経過と
ともに青い実線の平行四辺形に変形し、さらに対角線上に
集約されていく。ある程度時間が経過すると、分布演算は
相関係数が 1.0 の演算に近くなっていく。

例えば、図8.3-1〜図8.3-3は、速度と位置のスケールをあわせてそれぞれの演算範囲がどのように変化して、位置分布をどのように求めることができるかを示した図である。

図8.3-1にある位置xと速度vの吹き出しのある2つの分布は、それぞれ初期位置を$x_{\min}$から$x_{\max}$の範囲、速度範囲が$v_{0\min}$から$v_{0\max}$の範囲にあるとする。この時点で次に1秒後の位置分布を求める場合、演算対象となるxとvの組合せは図中に矩形範囲①と書いた水色の領域全体となる。移動物はその範囲全てに存在する可能性があることを示している。1秒後の分布の範囲は、矩形範囲①の右上と左下の頂点から-1の傾きで補助線（青の一点鎖線）を下ろして$v = 0$の軸との2つの交点の間の範囲（位置に速度×1秒を加算）となる。

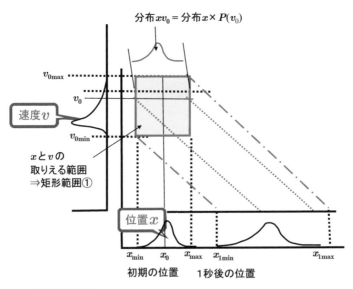

▲図8.3-1　時系列演算（1秒後の分布の範囲を求める）

その1秒後の移動物の位置と速度の存在範囲を図8.3-2で考えてみる。その位置の範囲の最小値を $x_{1\mathrm{min}}$、最大値を $x_{1\mathrm{max}}$ とすると、その値は先に説明した $x_{\mathrm{min}}+v_{\mathrm{min}}\times 1\mathrm{sec}$ と $x_{\mathrm{max}}+v_{\mathrm{max}}\times 1\mathrm{sec}$ の範囲となる。速度は $v_{0\mathrm{min}}$ から $v_{1\mathrm{min}}$ へ、$v_{0\mathrm{max}}$ から $v_{1\mathrm{max}}$ にそのままの分布で変化した（加速度にバラツキがない）とすると、速度が $v_{1\mathrm{max}}$ の場合の位置の範囲は $x_{\mathrm{min}}+v_{0\mathrm{max}}\times 1\mathrm{sec}$ から $x_{\mathrm{max}}+v_{0\mathrm{max}}\times 1\mathrm{sec}$ の範囲となり、速度が $v_{1\mathrm{min}}$ の場合の位置は $x_{\mathrm{min}}+v_{0\mathrm{min}}\times 1\mathrm{sec}$ から $x_{\mathrm{max}}+v_{0\mathrm{min}}\times 1\mathrm{sec}$ の範囲となる。したがって、位置 x と速度 v の移動物の存在範囲は x-v 座標で示すと、$(x_{\mathrm{min}}+v_{0\mathrm{min}}\times 1\mathrm{sec},\, v_{1\mathrm{min}})$、$(x_{\mathrm{max}}+v_{0\mathrm{min}}\times 1\mathrm{sec},\, v_{1\mathrm{min}})$、$(x_{\mathrm{min}}+v_{0\mathrm{max}}\times 1\mathrm{sec},\, v_{1\mathrm{max}})$、$(x_{\mathrm{max}}+v_{0\mathrm{max}}\times 1\mathrm{sec},\, v_{1\mathrm{max}})$ の4点で囲まれる平行四辺形②（青色の実線）で示される範囲しか存在しない

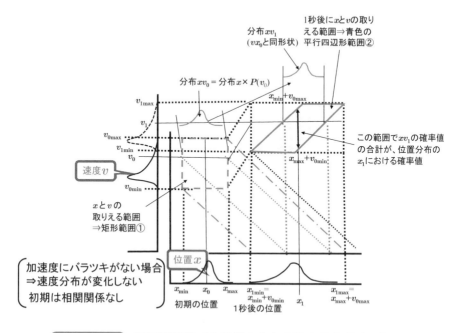

▲図8.3-2 時系列演算（1秒後の分布の確率値を求める）

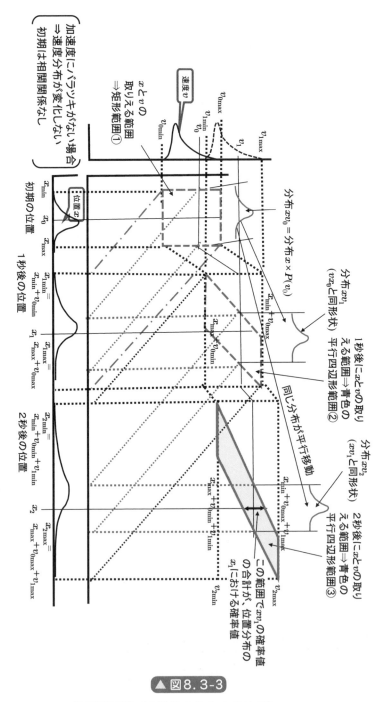

▲図8.3-3

時系列演算（2秒後の分布を求める）

ことになる。このように、x と v の間の相関範囲を逐次計算して、それを相関関係として条件に与えて次の分布演算を行うことで時系列演算が可能となる。

　ここで、分布を求めるために図5.1で説明したように矩形範囲①や平行四辺形②を演算範囲として、z_1 ラインに沿ってスキャンして次の分布の確率値を求めても良いのだが、時系列演算の場合は異なる方法で分布を求めた方が将来の拡張性が高い。以下に、その異なる方法について説明しよう。

　図8.3-1において、移動物の位置と速度の取りうる範囲である矩形範囲①を、速度 $v_{0\min}$ から $v_{0\max}$ の間の任意の速度である v_0 でスライスすると、速度 v_0 の場合の位置分布が得られる。これを分布 xv_0 とすると、この分布は初期位置分布 x のそれぞれの確率値を速度分布 v の v_0 における確率値との積で求めた分布となる（分布 xv_0＝分布 x×分布 v の v_0 での確率値）。この分布の v_0 を $v_{0\min}$ から $v_{0\max}$ まで変化させたときに、$x_{0\min}$ から $x_{0\max}$ の間の任意の点を x_0 とすると、分布 vx_0 を $v_{0\min}$ から $v_{0\max}$ まで変化させたそれぞれの分布における x_0 での確率値を合計すると分布 x の x_0 での確率値となるはずである。なぜなら、(x_0, v_0) での vx_0 の確率値は分布 x の x_0 での確率値と分布 v の v_0 の確率値の積であるから、この v_0 を $v_{0\min}$ から $v_{0\max}$ まで変化させて合計すると分布 v の面積は1.0となり分布 x の x_0 での確率値と一致するからである。

この分布 xv_0 は、図8.3-2の右上に示した1秒後の移動物の位置と速度の取りうる範囲である平行四辺形②において、v_0 の1秒後の速度である v_1 でスライスした分布 xv_1 と一致する。なぜなら、この分布 xv_0 は v_0 で移動した結果として $(x_{\min}+v_0\times 1\mathrm{sec}, v_1)$ から $(x_{\max}+v_0\times 1\mathrm{sec}, v_1)$ に移動して、v_1 を $v_{1\min}$ から $v_{1\max}$ まで変化させることで平行四辺形②を形成するからである。さらに、1秒後の位置分布の範囲 $x_{\min}+v_{0\min}\times 1\mathrm{sec}$ から $x_{\max}+v_{0\max}\times 1\mathrm{sec}$ の間の任意の点を x_1 とすると、v_1 を $v_{1\min}$ から $v_{1\max}$ まで変化させたときのそれぞれの分布 xv_1 の範囲に x_1 が存在する場合、その確率値を合計すると x_1 における1秒後の位置分布の確率値が求まる。これは、図5.1で和の分布を求めたことと同じことを別の方法で行っていることになる。図5.1では傾き -1 の補助線（z_1 ライン）に沿って分布 x と分布 v の確率値の積を求めて合計したのだが、それは演算範囲と呼んだ矩形範囲を平行四辺形に変形させて、x_1 が一定となる縦ラインに従って、分布 x と分布 v の確率値の積を求めて合計したものと同じことだからである。

　この後、図8.3-3の右上で2秒後の移動物の位置と速度が取りうる範囲である平行四辺形③（青い実線）を示すが、分布 xv_1 が一定のまま、$v_{1\min}$ から $v_{1\max}$ までの速度差によって平行四辺形が横に延びていき、時間経過とともに対角線上に集約されていく。この場合でも2秒後の分布範囲を $x_{2\min}$ から $x_{2\max}$ とすると、その値は $x_{\min}+v_{0\min}\times 1\mathrm{sec}+v_{1\min}\times 1\mathrm{sec}$ から $x_{\max}+v_{0\max}\times 1\mathrm{sec}+v_{1\max}\times 1\mathrm{sec}$ となる。この

$x_{2\mathrm{min}}$ と $x_{2\mathrm{max}}$ の間にある任意の点 x_2 の2秒後の位置分布
の確率値は、分布 vx_2 を $v_{2\mathrm{min}}$ から $v_{2\mathrm{max}}$ まで変化させた
ときの x_2 での確率値を合計したものになる。このようにある
る程度集約が進むまでは同様に位置分布を求める。図8.4
に平行四辺形が細長くなって対角線に演算範囲が集約され
た図を示す。

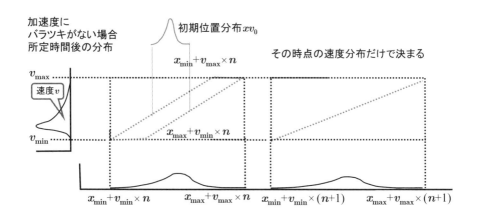

▲図8.4　分布による時系列演算例

　平行四辺形が十分に細長くなった場合の位置分布は、速
度分布の相似形に近づいていく。したがって、これ以降は
速度分布のプロフィールを継承して分布を求めていく。位
置や速度に基づいてフィードバック演算などを行う場合
は、この対角線のプロフィールを変化させることで結果の
分布を求めることができる。それについては、次の9章で
時間積分の方法として説明する。

図 8.5 に実際に時系列演算を行った例を示す。

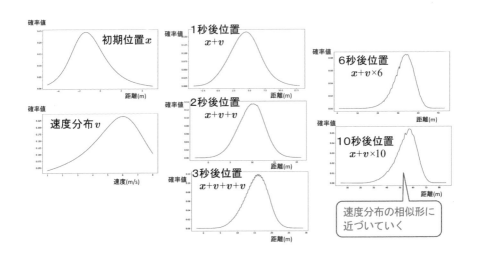

▲図8.5　分布による時系列演算例

　初期位置の分布 x と速度分布 v を与えて、1 秒後から 10 秒後までの位置分布を演算したものである。同じ分布を使って、時系列演算の相関関係を考慮しない同じ演算を行ったものが図 8.6 である。時系列演算を考慮しない演算だと、時間とともに分布の裾野で、確率値がほとんど 0 に近い領域が広がっていくのに対して、時系列演算を考慮した演算では、初期の数秒は同様の傾向があるが、それ以降そのようなことはない。先ほど述べたように、時間経過とともに位置分布は速度分布の相似形に近づいていく。

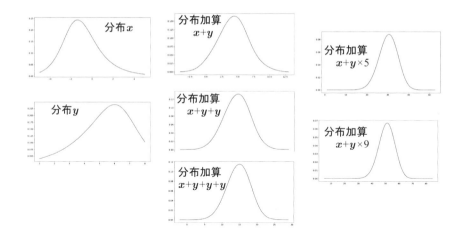

▲図8.6　時系列を考慮しない分布の加算演算

　このあと、ここで説明した時系列演算を微小時間ごとの分布の変化に拡張して微分方程式の分布解につなげていく。

この章のまとめ

☐ 移動物の時系列演算を行う場合は、初期位置と速度などがそれぞれ独立なバラツキを持ったデータであったとしても、時間経過とともに相関関係が強くなっていくことを示した。

☐ その場合の位置の分布の求め方は、速度ごとに微小に分割したスライスごとの分布を考えて、そのスライスが速度の違いによって横にずれていくと考えればよい。所定時間が経過したときの位置分布は、ずれたスライスの確率値を縦に合計した分布になる。

第 9 章

微分方程式の分布解

　ここでは、微分方程式の解を求める方法について説明する。数値演算では時間積分と距離積分で演算方法に違いはないが、分布による演算では異なる方法で演算する必要がある。

9−1 区別する必要がある分布積分

　ここでは、設計として良く利用される技術として、時系列シミュレーションや構造設計を扱う。そのための基礎技術として、微分方程式の解を求めるための積分演算について説明しよう。数値演算では同じ積分として扱われているが、分布演算では区別する必要がある積分がある。図9.1は時間積分（距離、速度、加速度を時間で積分するもの）と距離積分（構造設計など距離で積分するもの）を比較したものである。

時間積分と距離積分は分布による積分演算方法が異なる

	時間積分の場合	距離積分の場合
微分方程式	$\dfrac{dx}{dt} = v(t)$ **(1)**	$\dfrac{dy}{dx} = F(x)$ **(7)**
	$dx = v(t)*dt$ **(2)**	$dy = F(x)*dx$ **(8)**
逐次法	$x_{n+1} = x_n + v(t)*dt$ **(3)**	$y_{n+1} = y_n + F(x)*dx$ **(9)**
逐次積分	$x_k = x_0 + \Sigma\, v(t)*dt$ **(10)**	$y_k = y_0 + \Sigma\, F(x)*dx$ **(10)**
	$dt = 1$とした場合 1秒後 $x = x_0 + v(t_0)$ **(5)** 2秒後 $x = x_0 + \underbrace{v(t_0)}_{x_a} + \underbrace{v(t_1)}_{x_b}$ **(6)**	$dx = 1$とした場合 1m先 $y = y_0 + F(x_0)$ **(11)** 2m先 $y = y_0 + \underbrace{F(x_0)}_{y_a} + \underbrace{F(x_1)}_{y_b}$ **(12)**
相違点	x_aとx_bは8章で説明した相関関係を考慮する	y_aとy_bは相関がなくお互い自由な値をとる
応用	制御設計、シミュレーション	構造設計

▲ 図9.1 分布による積分方法の違い

(1) は時間による微分方程式、(7) は距離による微分方程式を示す。この解を求めるために、それぞれ (2) と (8) のように変形して、さらに逐次積分の形に変形するとそれぞれ (3) と (9) のようになる。(3) の場合は、ある時点の距離 x_n を与えると、dt 秒後の距離 x_{n+1} を求める式になっている。これを $n=0$ から $n=k$ まで逐次演算を行うと、(4) のように任意時間の距離 x_k を求めることができる。(9) の場合は、距離 x の関数 F で与えられるひずみから変位 y を求めるために、ある地点の変位 y_n を与えると、dx 離れた場所の変位 y_{n+1} を求める式になっている。これを $n=0$ から $n=k$ まで逐次演算を行うと、(10) のように任意の距離の変位 y_k を求めることができる。

　以上のように (4) は時間を与えて距離を求める解と、(10) は距離を与えて変位を求める解の数値積分について説明したが、これを分布による積分に拡張するために配慮することがある。(4) と (10) をそれぞれ、簡素化するために $dt=1$ と $dx=1$ として単位時間と単位距離ごとの変化を見てみる。(5) が時間積分の 1 秒後、(6) が時間積分の 2 秒後、(11) が距離積分の 1m 位置、(12) が距離積分の 2m 位置での式となる。ここで、(6) は項 x_a と項 x_b の和になっており、x_a は 1 秒後の位置、x_b はそこからの変化量（速度）である。先の 7 章で説明したようにこの x_a と x_b を分布とするとその間には速度が速いものは距離が遠くなり、遅いものは近くなるという相関関係があり、それを考慮した演算をしなければならない。

　それに対して (12) の y_a 項と y_b 項は 1m 位置の変位と次

の 1m 間でのひずみの関係になり、1m までの距離と 2m までの距離ではそれぞれ異なる断面積や剛性によってひずみが変化することもあり、独立にバラツキが存在するので相関関係はなく、お互い自由なバラツキを持つと考えられる。

　以上のように、ここでは距離によってひずみがバラツキの範囲でランダムに変動することを前提に演算を進めるが、この変動が個体差によるバラツキが大きく、ひとつの棒の位置による変動のバラツキは少ない場合は、中間的な相関関係を考慮することが必要になる。ここでは、ひずみが位置に関係なくランダムに変動する場合を考える。

　したがって、時間積分の場合は、8 章の図 8.3 で説明したように、初期の位置が速度ごとにずれていく時系列演算を微小時間 dt の場合に応用すればよいが、距離積分の場合は、5 章の図 5.1 で説明した、相関関係がない分布の和算を微小距離 dx の場合に応用したやり方を考える必要がある。以降ではまず、時系列演算を時間積分に拡張する方法について説明して、その後に距離積分の場合を説明する。

9-2 シミュレーション（時間積分）

　ここでは時系列演算を行う場合の微分方程式の解として、時間積分を分布として演算するための課題と対処法について述べる。具体的には先ほどの時系列演算を拡張して、時間積分によるシミュレーションのやり方を紹介する。まずは、従来の数値演算で微分方程式の解を求める方法として、差分法について説明して、時系列演算を分布解に拡張する。

　従来の時系列演算例として、先ほど説明した速度 v、距離 x、時間 t が図 9.1 の (1) のような単純な微分方程式に従う場合を説明する。ある時点の速度が v、距離が x_n とすると、差分法で微小時間 dt 秒後の距離 x_{n+1} を求めるためには、図 9.1 の (3) のように x_n に速度 v と微小時間 dt の積を加えたものを求めればよい。x_n と v に初期値を入れて計算した結果の x_{n+1} を x_n に入れて再度演算を行い、x_{n+2} を求める。それを繰り返せば距離 x の時間変化を求めることができる。図 9.2 に x_n と x_{n+1} と v の関係をグラフで示す。

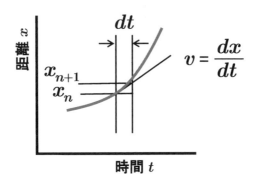

▲ 図 9.2 従来の時間積分

　以上は、従来の数値積分によって微分方程式の解を求める方法であるが、ここではこの数値を分布に置換えた微分方程式の分布解を求める方法について説明する。距離 x を分布に置換えたグラフが図 9.3 で、距離分布の上限値と下限値をプロットしたものである。

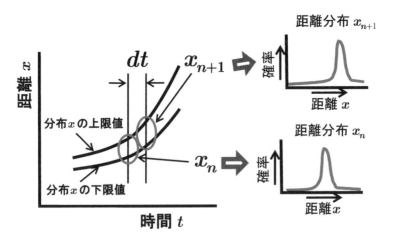

▲ 図 9.3 分布による時間積分

速度 v も分布で与えられるので、距離の上限値と下限値の間隔は時間とともに拡大していく。図9.4にその数式を分布による式に置換えたものを示す。

$$x_{n+1} = x_n + v \times dt$$

① ② ③

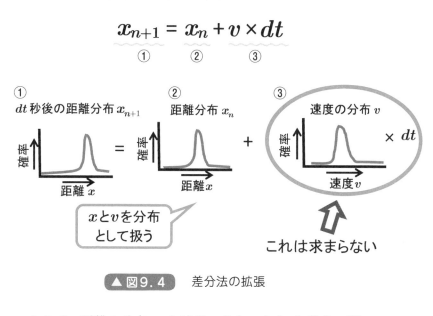

▲図9.4　差分法の拡張

　ここで、距離の分布 x_n と速度の分布 v から dt 秒後の距離の分布 x_{n+1} を求めることができれば、数値積分と同様に分布による分布積分が可能になる。しかし、この右辺の2項目である $v \times dt$ は分布による演算では求まらない。

　例えば $dt = 0.01$ 秒であった場合、$v \times dt$ とは100回の和が分布 v となる分布を求めることである。ところが、分布演算は5章9節で述べたように逆演算が不可能で、和を求めると所定の分布になる場合の元の分布を求めることはできない。v を分割した分布を求めても、その和は v にならないのである。

171

したがって、その対策として図9.5で代替方法について説明する。

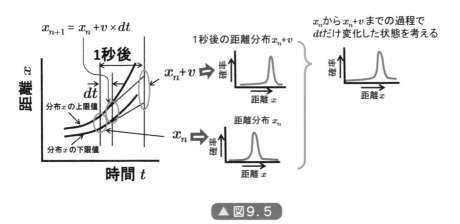

▲図9.5

　ここでは、x_n から直接 x_{n+1} を求めるのではなく、単位時間である1秒後の位置分布である x_n+v を求める。その後、x_n と x_n+v の2つのそれぞれの分布から $v_n+v \times dt$ の分布を考える。図9.6の青い破線で示した四角形①と平行四辺形②は、先ほどの時系列演算図8.3で初期状態と1秒後の x と v の取りうる範囲を拡大した図である。dt 秒後の x と v の取りうる範囲を①'とすると、①'は矩形範囲①と平行四辺形②の間を $dt : 1-dt$ の比で分割した位置となる。

　具体的には $(x_{\min}+v_{0\min} \times dt,\ v_{0\min} \times (1+dt))$、$(x_{\max}+v_{0\min} \times dt,\ v_{0\min} \times (1+dt))$、$(x_{\min}+v_{0\max} \times dt,\ v_{0\max} \times (1+dt))$、$(x_{\max}+v_{0\max} \times dt,\ v_{0\max} \times (1+dt))$ の4点で囲まれる平行四辺形となる。この平行四辺形①'の速度範囲を $v_{0\min}{}'$ と $v_{0\max}{}'$ とすると、その間にある任意の速度を $v_0{}'$ として、この速度 $v_0{}'$ でスライスした領域の分布は先ほど図8.3-1で説明し

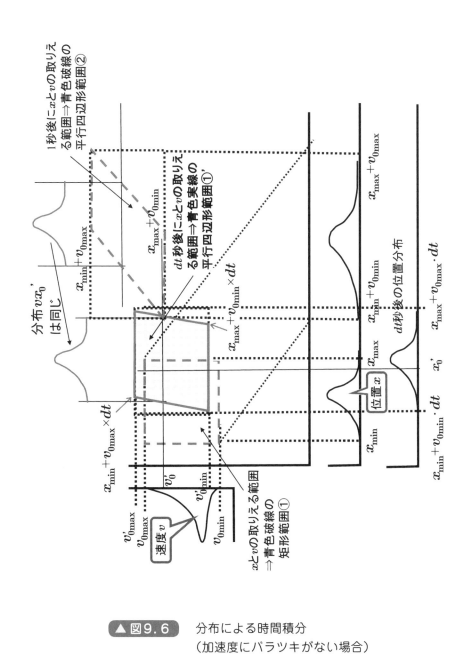

▲図9.6　分布による時間積分
（加速度にバラツキがない場合）

173

た分布 xv_0 と等しい。したがって、dt 秒後の位置分布の
範囲である $x_{\min}+v_{0\min}\times dt$ と $x_{\max}+v_{0\max}\times dt$ の間にある
任意の点を $x_0{}'$ とすると、速度 $v_0{}'$ での分布 $xv_0{}'$ が $x_0{}'$ の位
置に確率値を持てば、その確率値を $v_0{}'$ を $v_{0\min}{}'$ から $v_{0\max}{}'$
まで変化させて、それぞれの $x_0{}'$ での確率値を合計したも
のが dt 秒後の位置分布の $x_0{}'$ での確率値となる。これを
$x_{\min}+v_{0\min}\times dt$ から $x_{\max}+v_{0\max}\times dt$ までの全ての値で求め
れば、dt 秒後の位置分布が求まる。これが $x_n+v\times dt$ の分
布となり、この x_{n+1} と次の v から x_{n+2} が求まり、分布と
しての時系列演算を行うことが可能となる。これが数値演
算を時系列演算として分布に拡張した分布積分である。

　図 9.7 は $dt=0.01$ の場合、時系列演算を 300 回繰り返し
て 3 秒後の位置分布までを演算したものである。

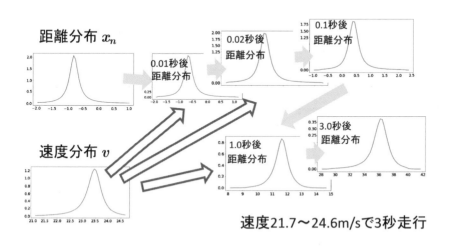

速度21.7〜24.6m/sで3秒走行

▲図9.7　$dt=0.01$ での時間積分による位置分布の変化

その間の位置分布の最小値と最大値を時系列にプロットしたものが図9.8である。時間とともに距離のバラツキが広がっていることがわかる。

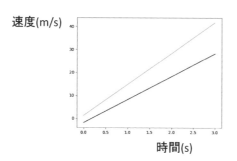

3秒後（0.01秒×300）距離分布

▲図9.8 $dt=0.01$での時間積分による速度上下限値

9-3 フィードバック制御

　ここでは、時系列積分によってシミュレーションを行う際に、フィードバック制御などで移動物に力が加わる場合の運動の変化をどのように演算するかを説明する。本来なら、図9.6の位置xと速度vの取りうる範囲（青い実線の平行四辺形内）全てのポイントに対して、それぞれのポイントがどのように力を受けて、どのように速度や加速度が変化するかを求める必要があり、それらから、それぞれの位置に存在する確率値を求める。しかしながら、それはとても複雑な演算になるので、ここでは前提条件を決めて、その前提条件の中で簡易に演算できる方法について説明する。

　時系列演算の図8.4で説明したように、速度と位置の組合せが取りうる領域は、時間とともに平行四辺形が細長くなっていき、対角線上のラインに集約されていく。この対角線のライン上に集約されてから対象に力が作用して、その変化をシミュレートすることにすれば、考慮するべきポイントは格段に少なくて済むので、わかりやすい。それを説明する図が図9.9で、左の図が$dt \times n$秒後の状態、中央が$dt \times (n+1)$秒後の状態、右の図が$dt \times (n+m)$秒後の状態を示す。

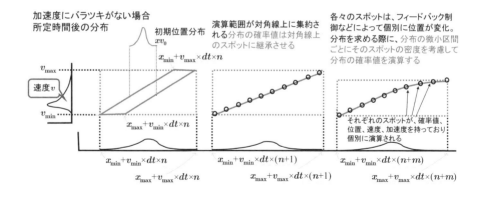

加速度にバラツキがない場合
所定時間後の分布

初期位置分布
xv_0

演算範囲が対角線上に集約される分布の確率値は対角線上のスポットに継承させる

各々のスポットは、フィードバック制御などによって個別に位置が変化。分布を求める際に、分布の微小区間ごとにそのスポットの密度を考慮して分布の確率値を演算する

v_{max}

速度 v

v_{min}

$x_{min}+v_{max}\times dt\times n$

$x_{max}+v_{min}\times dt\times n$

それぞれのスポットが、確率値、位置、速度、加速度を持っており個別に演算される

$x_{min}+v_{min}\times dt\times n$

$x_{max}+v_{max}\times dt\times n$

$x_{min}+v_{min}\times dt\times(n+1)$

$x_{max}+v_{max}\times dt\times(n+1)$

$x_{min}+v_{min}\times dt\times(n+m)$

$x_{max}+v_{max}\times dt\times(n+m)$

▲図9.9　フィードバック制御

　$dt\times n$ 秒時点では、平行四辺形の領域が十分細長くなっており、先ほど説明した x_0' として加算する対象が少なくなり、演算精度が悪化することがある。したがって、このまま演算を継続すると支障があるので、次のタイミングで平行四辺形に分散している情報を対角線上のライン上に集約させる。ツールでは、分布の v を微小に分割した分割幅 dv に対して平行四辺形を縦方向に割った断面の高さが dv の10倍程度以下の高さになった時点でライン上に集約している。この時点では、速度の分布 v と位置 x の分布形状はほぼ相似形状をしており、その分布と同じ分割数でラインを分割して、その分割ごとにその領域の確率値、位置、速度、加速度の情報を持つスポットを設定して、これ以降は、このスポット毎に動きをシミュレートして、それを位置と速度の分布に投影して分布を求める。そのスポットを設定した状態が中央の図で $dt\times(n+1)$ 秒後の状態を示す。ツールではこの時点でコンソール上に"演算範囲が

177

ラインになった"と表示されるので、これ以降にフィード
バック制御などの制御が付与されるように設定してもらえ
ばよい。そこからさらに経過した $dt \times m$ 秒後に制御力な
どがスポットそれぞれに付与されて、それぞれまちまちの
動きをシミュレートさせて、スポットの密度や確率値から
分布を作成する。それが一番右の図である。

　ここでは、図9.10に示すように、先行車との車間距離
をフィードバック制御する場合の演算を行っている。

dt:0.01秒
初期車間距離:$X+40$m
目標車間距離:Xm
先行車速度:60km/h（16.7m/s）
自車速度:21.17~24.67m/s
図9.7の速度と位置の分布のバラツキ
で走行して、先行車に接近

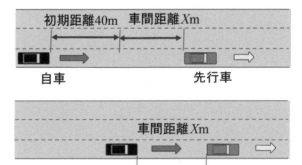

初期距離40m　車間距離Xm

自車　　　　　　　先行車

車間距離Xm

センサーが車間距離を測定して、
所定の車間距離Xになるように
加速度を制御する

▲図9.10　フィードバック制御の例
車間距離制御

自車の初速度と位置のバラツキは図9.7の分布をそのまま使い、遅い先行車に追いついて、接近した車間距離に応じて加速度を制御する演算を行っている。その演算結果を図9.11、9.12、9.13に示す。

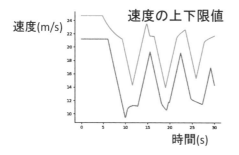

制御定数
距離フィードバックゲイン：4m/s²/m
距離の比例項だけをフィードバック

▲図9.11　車間距離フィードバック制御

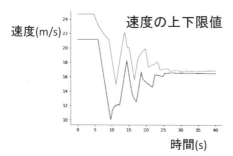

PID制御
制御定数
距離フィードバックゲイン：5m/s²/m
積分項：0.002m/s²/m
微分項：80m/s²/m

▲図9.12　車間距離PID制御

　図9.11と9.12は自車速の上限と下限をプロットしたグラフになる。この演算では、変化をわかりやすくするために制御し始める位置を目標車間距離から後方約40m程度とかなり短い距離に設定にしてあり、大きく変動して発散

気味にしている。現実の車両でこのように大きな変動をすると危なくて乗ってられない。

　距離フィードバックゲインとは、図9.10の制御目標である車間距離Xm（演算には無関係なので任意の値とする）からの距離差に比例した加速度が付与される比例定数のことである。PID制御は、距離差に加えて、距離の積分値に比例する加速度、距離の微分値に比例する加速度が付与される。図9.11は車間距離だけをフィードバックして、加速度に反映させたもの、図9.12は車間距離に応じてフィードバックする量として、比例項に加えて、積分項、微分項を追加して車速変動を収束させたものである。

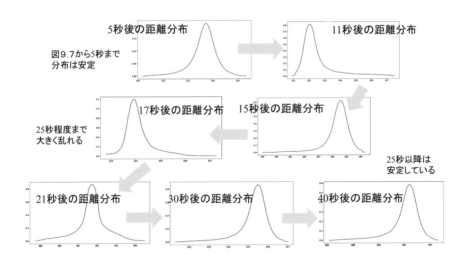

▲図9.13　時間ごとの位置分布

　図9.13は図9.12の図に対応する、時間ごとに位置分布を示す。この場合、4秒程度で、図9.9で説明した演算領

域がライン上に集約されており、その直後から車間距離に応じた制御が開始されている。5秒後の位置では、まだ制御の影響はほとんどなく、図9.7の3秒後の分布とほとんど相似形になっており安定している。その直後から分布のピークは左右に大きく変動して25秒くらいまで乱れている。30秒以降は再び分布の形状は安定して、その範囲も狭い範囲に収束している。速度の範囲も極狭い範囲に制御されている。これは、図9.12の車速が距離の変動に連動しており、車速が安定している間は、距離分布も形状が安定して相似形であるが、車速の変化が大きい期間は分布の形状も大きく変動している。分布の形状が変動していることは、車両の速度がランダムに変化しているということを示し、車両の挙動が安定していない。車両の挙動が安定するためには、分布形状が変動していないことが必要である。

　以上のように、分布演算は制御によって車両はどこの位置を通過するか、といったことを分布として求めることで接近距離や車速の変化といった多くの状態量を分布として確率的に演算することが可能となり、様々なリスク設計や性能設計に応用できると考えている。

9-4 構造設計（距離積分）

　次に、構造設計を例として距離を積分変数として持つ方程式の分布解について説明する。距離積分も途中までは時間積分と同じだが、最後の分布を求めるところが異なる。ここでは距離積分は、図9.1の(7)のような微分方程式に従う場合を説明する。yや$F(x)$としてどのようなパラメータとするかで、様々な構造設計に対する応用が考えられるが、ここでは$F(x)$は位置xでのひずみ、yとしてはひずみをx横方向に積分した物体の変位量として考えてみる。

　ある地点xのひずみが$F(x)$、変位がy_nとすると、差分法で微小距離dx変化した際のそこまでの面積y_{n+1}を求めるためには、図9.1の(9)のようにy_nにひずみ$F(x)$と微小距離dxの積を加えたものを求めればよい。y_nと$F(x)$に初期値を入れて計算した結果のy_{n+1}をy_nに入れて再度演算を行い、y_{n+2}を求める。それを繰り返せば変位yがx方向に移動した際の変化を求めることができる。図9.14にy_nとy_{n+1}とxの関係をグラフで示す。

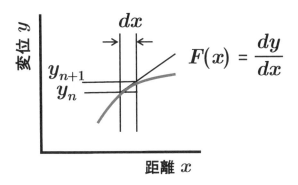

▲図9.14 従来の距離積分

　以上は、従来の数値積分によって距離積分の演算結果を求める方法であるが、ここではこの数値を分布に置換えた分布解を求める方法について説明する。ここで、変位 y を分布に置換えたグラフが図 9.15 で、分布の上限値と下限値をプロットしたものである。青楕円は y_n、y_{n+1} の分布範囲を表す。

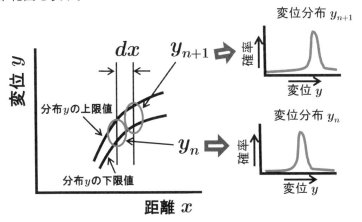

▲図9.15 分布による距離積分

183

断面積や剛性などがバラツキを持つとしてひずみ $F(x)$ も分布で与えられるので、距離の上限値と下限値の間隔は距離とともに拡大していく。

　図9.16にその数式を分布による式に置換えたものを示す。

$$y_{n+1} = y_n + F(x) \times dx$$

①　②　③

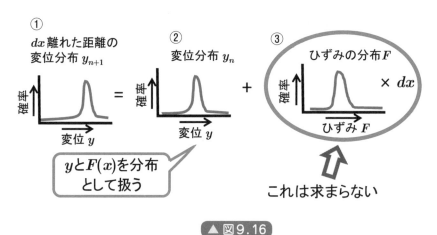

▲図9.16

　ここで、変位の分布 y_n とひずみの分布 $F(x)$ から dx の微小距離だけ移動した位置の変位の分布 y_{n+1} を求めることができれば、数値積分と同様に分布による分布積分が可能になる。しかし、時間積分と同様にこの右辺の2項目である $F(x) \times dx$ は分布による演算では求まらない。

　したがって、その対策として図9.17で代替方法について説明する。

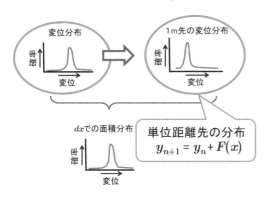

単位距離離れた変位分布 $y_{n+1} = y_n + F(x)$ と等高線を特徴点とするモーフィングを dx だけ行う

$1/dx$ 回行うと、単位距離離れた分布に近い分布が得られた

▲**図9.17** dx 距離での分布

　ここでも時間積分と同様に、単位距離である1m移動した位置での分布である $y_n+F(x)$ を求める。その後、y_n と $y_n+F(x)$ の2つのそれぞれの分布の確率値が $1-dx:dx$ の加重平均となる分布を求める。加重平均と言っても実際には、y_n と $y_n+F(x)$ の分布形状に対して画像処理で使われる特殊なモーフィングを行い、その y_n から $y_n+F(x)$ に至る変化の dx だけ変化した過程を y_{n+1} として代用する。これによって得られた分布は、特殊なモーフィングを $1/dx$ 回繰り返すと $y_n+F(x)$ と、かなり近い分布を得ることができる。したがって、y_{n+1} の代替分布として使えると考えている。これが数値演算を分布に拡張した分布積分である。

　以上のように時間積分との違いは、相関関係があるかないかであるが、演算方法としてはかなり異なる。モーフィングとは、ひとつの画像から別の画像になめらかに変化させるコンピューターグラフィックスによる映像手法である

が、ここでは、ある分布から別の分布に、なめらかに変化させてその途中の分布を y_{n+1} として採用する。具体的には、2つの分布に共通なある特徴点を指定して、その特徴点を $dx : 1 - dx$ で加重平均した点を結ぶ分布を dx だけ変化したとする。

図 9.18 はその距離積分のステップを模式的に描いた図である。

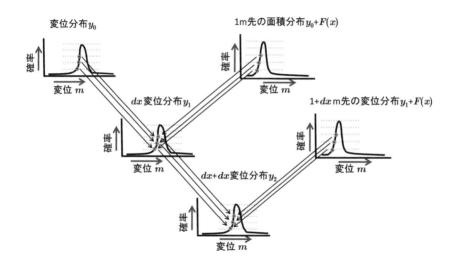

変位分布 y_0

1m先の面積分布 $y_0 + F(x)$

dx 変位分布 y_1

$1 + dx$ m先の変位分布 $y_1 + F(x)$

$dx + dx$ 変位分布 y_2

（各グラフ軸：確率／変位 m）

▲ 図9.18　距離積分の分布解

初期位置での変位分布 y_0 と、そこから単位距離である1m 離れた位置での分布である $y_0 + F(x)$ から、モーフィングによって dx 離れた位置での分布 y_1 を求める。ここでは、初期の変位分布とは 0 なので、単位距離のひずみの範囲を

dx 倍して、相似形を分布を初期分布として、dx ずれた位置から積分を始めるようにしている。

さらにその y_1 とそこから単位距離である 1m 離れた位置での分布 $y_1+F(x)$ から、モーフィングによって dx 離れた位置での分布 y_2 を求める。それを繰り返すことで、y の距離積分を求めることができる。

特殊なモーフィングといったのは、加重平均の対象となる 2 つの分布の対応するポイントをどのように選ぶかによって精度が変わってくるからである。そのやり方は現在検討中なので、特殊なモーフィングとしておく。

ここでは、図 9.19 のような棒に力 P が作用したときに位置 x でのひずみを $F(x)$、変位量を y として、微小範囲 dx での変位量 $F(x)dx$ を $x=0$ から先端までを積分して、トータルの変位量を求める計算を行う。

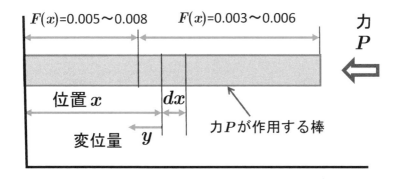

▲ 図9.19

その際に、棒の途中まではひずみ $F(x)$ が比較的大きく、

それ以降は比較的小さく設定してみる。図 9.20 のように、断面積を A、剛性を E、長さを L とすると、力 P と変位 y の関係は (13) のようになる。

P:力　A:断面積　E:剛性　L:長さ

断面積 A が一定の場合

$$P/A = E \times y/L \qquad (13)$$
$$y = P \times L/(E \times A) \qquad (14)$$

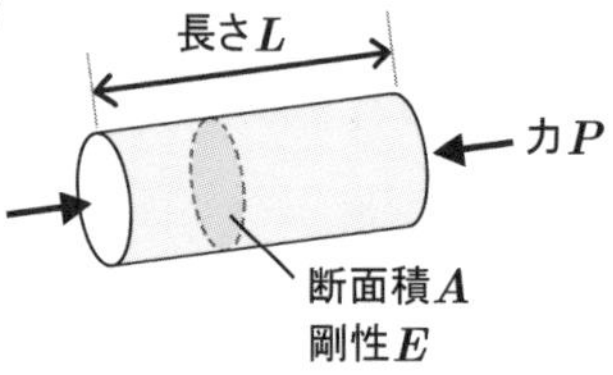

断面積 A が変化することを想定して
位置 x での微小長さ dx の変位

$$dy = dx \times P/(E \times A(x)) \qquad (15)$$

ここで $P/(E \times A(x)) = F(x)$ とする

$$dy = F(x)\,dx \qquad (16)$$

これは(8)として演算できる

▲ 図9.20

　ここで (14) に変形して、断面積 A が位置によって変化することを想定して変位 y を求めることを考えると、x から微小範囲 dx ずれた位置での変位 dy は (15) のようになる。これを $x=0$ から先端まで積分するとトータルの変位量が求まる。$P/(EA(x))$ を $F(x)$ とおくと (16) になり、これは先に分布積分を説明した図 9.1 の (8) となる。

　図 9.21 と図 9.22 はそのステップを実際に演算した例である。

X=0～1mまでは$F(x)$=0.005～0.008,(平均0.006,標準偏差0.0004)←この演算
X=1～3mまでは$F(x)$= 0.003～0.006,(平均0.005,標準偏差0.0004)

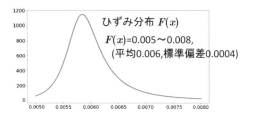

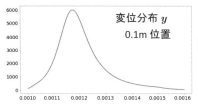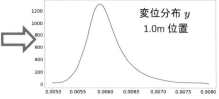

▲図9.21

X=0～1mまでは$F(x)$= 0.005～0.008,(平均0.006,標準偏差0.0004)
X=1～3mまでは$F(x)$= 0.003～0.006,(平均0.005,標準偏差0.0004)←この演算

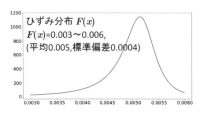

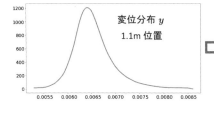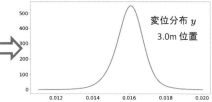

▲図9.22

189

初期の変位分布 $y_0 = 0$ とおいてひずみ分布 $F(x) = 0.005$ 〜 0.008 から、$dx = 0.1$ 離れた位置の変位分布 y を求め、それを 10 回繰返し、単位距離である離れた 1m だけ離れた位置での変位分布を求める（図 9.21）。その後、1m の位置での変位を初期の変位 y_0 とおいて、ひずみの分布 $F(x) = 0.003$ 〜 0.006、$dx = 0.1$ として繰返し数 20 回で、積分を行うと 1+2m 位置での変位分布を求めることができる（図 9.22）。図 9.21 では、変位 $y_0 = 0$ から積分を行うので、積分途中の y の分布はすべて前半のひずみ $F(x)$ に相似の形状の分布になる。図 9.22 では、最初前半のひずみに相似から始まって、徐々に後半のひずみの形状に近づいていく。3.0m 位置での変位分布は、1.0m 位置での変位に後半のひずみ 2.0m 分（$F(x) \times 2$）を加算した分布になるはずなので、その検証を図 9.23 に示す。

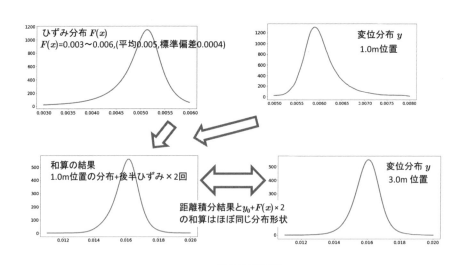

▲ 図9.23

左下のグラフは図 9.21 で求めた 1.0m 位置での変位 y に後半のひずみ $F(x)$ を 2 回和算を行った分布である。これは図 9.22 で求めた 30m 位置での分布とほぼ同じ形状になっており、距離積分がそれなりの精度で演算できていることを示している。

　以上によって距離積分が比較的正確にできると考えている。これの応用は、5 章の図 5.18 で説明した分布の式 $3.2 \times a + 2.5 \times b$ のような小数点を含む定数を持つ式の解を分布で求める際に必要になってくる。他にも、様々な応用があり、ここで説明した距離積分と時間積分をあわせて活用することで、応力や変位計算のほかに振動や流体などの解析法に拡張することが可能と考える。そういったものの中には、本来分布として扱うべきものも多くあり、それらの解を求めるために必要になってくると考えている。

　以上の技術は、10 章でツール（分布を演算する計算ソフト）での使い方を説明した後に、その一部を 11 章で具体的な設計例として説明する。

この章のまとめ

- [ ] 時系列演算を演算する時間積分と、構造設計でひずみや変位を演算する距離積分は、数値演算としては同じ積分であるが、分布として演算する場合は、扱うデータ間の相関関係に違いがあり、演算方法がかなり異なる。

- [ ] 時系列演算として、時系列に変化する相関関係を考慮した時間積分について説明した。

- [ ] 構造設計などに応用する、分布としての距離積分について説明した。こちらは距離変化にともなう相関関係がない分布の演算として定義した。

分布を演算する電卓

　ここでは、この本でここまで説明したことを実際に演算する場合に必要となるツール（ここでは、以降電卓と呼ぶ）の使い方について説明する。電卓は、Windowsで実行できるソフトとして Github サイト（詳細は p.285 を参照のこと）で公開しており、機能向上のために逐次改善を行っている。

　また、この電卓で生成した分布を Python などで処理する場合のインターフェース仕様について章末の付録に記載したので、みなさんが分布を使って独自の処理を行う場合は参照されたい。

10－1　電卓の概要

　今まで説明してきたことは全て、公開している電卓（分布を演算する計算ソフト）によって演算することができる。電卓は引用 (4) のアドレスの Github サイトに公開しており、学習や研究目的であればフリーに使ってもらうことができるが、詳細は Github の README.md に記述されたライセンスを確認してほしい。ここでは電卓によって何ができて、その機能をどのように使うか説明する。

　引用 (4) の Github から bunpu_win10.exe というソフトを取得して、これを Windows10（Windows11 の場合は bunpu_win11.exe を使う）でダブルクリックすると実行されて図 10.1 のような画面が立ち上がり、これで様々なデータや諸元を指定して分布を生成する。その生成した分布を指定して、分布間の演算を行い、結果のグラフを生成することができる。この電卓は分布を扱うためのツールと考えてもらえばよい。

> 本書における「電卓」は、一般的な電卓で使われる数値を分布に変えただけというイメージで使っています。

①③のメニュー　　　分布指定方法
(i) parametar　　　　:分布の諸元を指定
(ii) distribution_file :npz形式分布
(iii) data_file　　　　:データのヒストグラム
　　　　　　　　　　　　から分布作成
(iv) vector(③のみ)　:ベクトルを指定
(v) weibull(③のみ)　:ワイブル分布を指定

⑤のメニュー　分布の演算方法
add　　　　 :加算
sub　　　　 :減算
product　　 :積算
division　　 :商算
percent　　 :パーセンタイル演算
percent2　 :分布バランス設計
simulation_x　 :距離積分
simulation_t　 :時系列演算

▲ 図 10. 1

　右側の①、③、⑤のボタンはプルダウンメニューになっ
ている。①のボタンは、このプルダウンメニューでひとつ
目の演算対象の分布を指定する。これは以降 input1 のメ
ニューと呼ぶ。③のボタンは、このプルダウンメニューで
ふたつ目の演算対象の分布を指定する。これは以降 input2
のメニューと呼ぶ。②③のボタンは (ii) と (iii) の場合に、
それぞれ input1 と input2 のファイルを指定する。⑤のボ
タンは、このプルダウンメニューで演算方法を指定して、
execute をクリックすると、コンソールに演算過程が表示
されて結果のグラフなどのファイルが生成される。これは
以降演算のメニューと呼ぶ。

演算対象の分布を指定する方法は、input1 と input2 の
メニューで選択できる3つないし5つの方法がある。

(i) デフォルトにある parameter は分布の最小値、最大値、
平均値、標準偏差、分布の分割数を指定して、できるだけ
それに近い分布を生成する。

(ii) の distribution_file は、過去にこの電卓で演算したこ
とがある場合、演算結果として生成される npz という拡
張子を持つ分布が生成され、その演算結果の分布を使って
別の演算を行う場合に、その npz ファイルを指定するメ
ニューである。

(iii) の data_file はテキストや csv ファイルに記述された
数値の列を指定して、そのデータの頻度分布からカーネル
分布を生成するメニューである。

(iv) の vector は input2 だけのメニューで、分布と数値
やベクトルの演算を行う際にベクトルを指定する。

(v) の weibull も input2 だけのメニューで、寿命計算な
どを行う際にワイブル分布を指定するためのものである。
これは形状パラメータとスケールパラメータを指定するこ
とで素のワイブル分布を使うことができる。

演算メニューで選択できる項目は8個あり、add が加算、
sub が減算、product が積算、division が商算、percent がパー
センタイル、percent2 が2つの分布の比較、simulation_x
は時系列以外の積分演算を行う場合、simulation_t はシミュ
レーションなどの時系列演算を行うメニューである。それ
ぞれ1次元から3次元までの分布の処理が可能となってい

るが、例えば、simulation_x や simulation_t を使って分布の積分が可能であるが、現状ではまだ３次元までは対応していない。他にもフルで対応できていない機能もある。今後機能拡張していくが、３次元の分布処理は膨大な計算量が必要となり、今後 GPU を使った処理を追加していくことと並行して行っていきたい。したがって、対応に時間がかかるので気長に待ってほしい。

また、この電卓で生成した分布を Python などで処理する場合のインターフェース仕様について章末の付録に記載したので、みなさんが分布を使って独自の処理を行う場合は参照されたい。

10-2 諸元で分布を指定して演算

　input1 か input2 のメニューで図 10.1 の (i) parameter を選択すると、分布の最小値、最大値、平均値、標準偏差、分布の分割数などの諸元を指定して、できるだけそれに近い分布を生成して、それを対象とした演算を行うことができる。分布の和算では対象の 2 つの分布のどちらを input1 にしても結果は変わらないが、percent は分布を input1 で指定して vector を input2 で指定する。percent2 は input2 の分布を累積して比較を行うので、input1 が input2 を上回るか下回る確率を求めることになる。

　この parameter を使うにあたって注意することがある。この諸元による分布指定は、範囲の決まった分布を関数で近似しているのでどうしても無理がある。最小値と最大値で関数分布が切れてしまうことになるので、グラフは違和感があるものになるし、パーセンタイルや分布の比較を行った場合も現実的でない部分がある。したがって、ある程度のデータが存在するものについては、次に説明する data_file を使って分布を生成することを勧める。この parameter は、データが十分にない場合に目安として演算してみるためのメニューである。さらに、最小値と最大値の範囲で分布が生成されるので、平均値や標準偏差は、最小値と最大値に対して位置の偏りが大きい場合や標準偏差が大きい場合に関数で近似できる範囲外となり、正確でな

い場合がある。指定した諸元とはズレた分布になる可能性があるので、この諸元から生成した分布はめやすとして概算を行う目的で使い、実際の設計で正確な分布が必要なケースでは、この後説明するデータから生成する方法を使う。

　図 10.2 は parameter で分布を指定して和演算を行った例である。

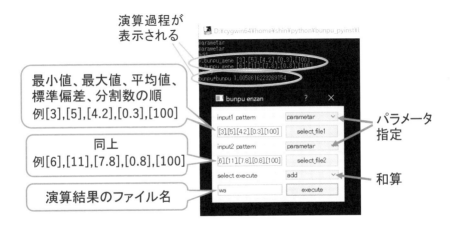

演算過程が表示される

最小値、最大値、平均値、標準偏差、分割数の順
例[3],[5],[4.2],[0.3],[100]

同上
例[6],[11],[7.8],[0.8],[100]

演算結果のファイル名

パラメータ指定

和算

▲図 10.2　パラメータで分布を指定、和算

　input1 の分布は input1 のメニューで parameter を選択して、input1 の文字の下にある入力フレームに分布の最大値、最小値、平均、標準偏差、分割数をカギ括弧で入力して、分布を作成する。かぎ括弧内の中にカンマ区切りで複数の数値を指定すれば多次元の分布になる。input2 でも同様に分布を指定する。演算メニューはデフォルトが add と

なっており、和演算を行う場合はそのままにして、select
execute と書いた文字の下にある入力フレームに結果を出
力するファイル名を指定して実行すると、図 10.3 に示す
3 つのグラフがそれぞれ png ファイルとして生成される。

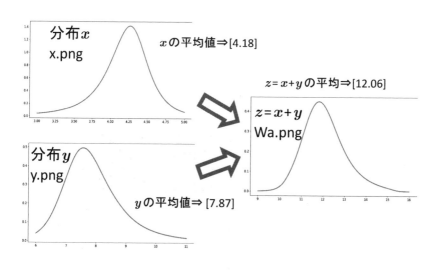

▲ 図 10.3　和演算で生成されるグラフ

　input1 で指定された分布のグラフは x.png、input2 で指
定された分布のグラフは y.png、演算結果の分布のグラフ
は指定したファイル名に .png の拡張子で生成される。そ
れぞれのパラメータ値とパラメータ毎の分布の確率値は
csv ファイルとして出力されるので結果の検証をしてもら
うことができる。それぞれ、分布パラメータは t.csv、確
率値は p.csv がファイル名の後について出力されている。
最大値、最小値、平均などを計算すると、おおよそではあ
るがそれぞれの和になっている。

図 10.2 では、図 10.1 のウィンドウの背景にコンソールを重ねて表示している。このコンソールには演算過程が表示される。まず、指定した分布の諸元値が表示されて、最後に分布の和算として演算されれば bunpu+bunpu と表示される。その後ろに、分布演算を行った直後の素の分布面積が表示され、それが 1 から大きく外れた場合は演算精度に問題がある可能性がある。もし、対象の分布の範囲の広さに差が大きくて、範囲の狭い分布の影響が小さい場合 bunpu+lean などと表示されて、範囲の狭い分布は、そのパラメータ範囲だけが反映されて、範囲の広い分布の相似形として出力される。和算、減算の場合、分布の範囲の比が 10 倍以上であった場合、相似形として出力される。

＜コンソール表示例＞

add → 加算

x.bunpu_gene[3],[5],[4.2],[0.3],[100]
　→ 分布 x のパラメータ

y.bunpu_gene[6],[11],[7.8],[0.8],[100]
　→ 分布 y のパラメータ

z=x+y → 演算式

bunpu+bunpu1.00… → 文中説明

10−3 データから分布を生成して演算

　データから分布を生成する場合は、データの羅列が書かれたテキストファイルか csv ファイルを読み込んで、必要なデータの位置を指定して、そのデータから分布を生成する。多くの計測器で測定されて記録されたデータは csv ファイルで出力できるはずである。図 10.1 の①か③で選択できるメニュー (iii)data_file を選択した場合はそのようなファイルから読み取ったデータから分布を生成することを想定している。また、様々なソフトで生成されたデータを読取る場合でも、データを列として csv 形式で書き込まれたデータであれば、それを読取ることができる。11 章の設計例では、Github にサンプルとして置いた csv データを、この機能で読取って演算してもらう。

　図 10.4 はその例である。input1 か input2 のメニューで data_file を選択して、データファイルの特定の列からデータを読み込んで、そのデータの頻度分布から確率分布（カーネル分布）が生成される。そのデータから作成した 2 つの分布を割り算した例である。

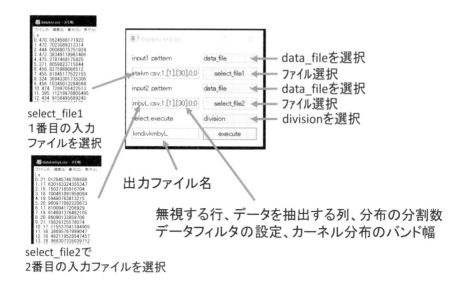

select_file1
1番目の入力
ファイルを選択

select_file2で
2番目の入力ファイルを選択

data_fileを選択
ファイル選択
data_fileを選択
ファイル選択
divisionを選択

出力ファイル名

無視する行、データを抽出する列、分布の分割数
データフィルタの設定、カーネル分布のバンド幅

▲図 10. 4 データから分布を生成して、商算

　data_file を選択した状態で、その下にある select_file1
または select_file2 と書かれたボタンをクリックすると、
ファイルを選択する画面が立ち上がるので、処理するテキ
ストファイルか csv ファイルを選択する。すると、その左
側にある入力フレームに選択したファイル名が表示され
る。そのファイル名の後に、カンマ区切りでデータの抽出
条件を記入する。抽出条件は、最初に無視する行数、抽出
する列の位置、分布の分割数、その後 0 を 2 つ記入する。

<入力フレームの記述例>
ファイル名 ,1,[1],[30],0,0

203

ここで、抽出する列と分割数はカギ括弧で記入して、多次元の場合はかぎ括弧内の中にカンマ区切りで複数の数値を指定すれば多次元の分布が抽出される。抽出する列は、ファイルに記述された一番左のデータ列が 0 で、その後カンマ区切りで何番目の列のデータかを指定する。最後の 0 が 2 つあるのは、最初の 0 に配列を入れると、抽出するデータの上下限を指定することができる。カギ括弧で、上下限を設定する列、下限値、上限値の順に指定することで、上下限の外を無視したデータの分布を作成することができる。次の 0 に数字を入れると、カーネル分布のバンド幅を指定することができて、数字が大きくなるとなめらかで大雑把な分布になる。小さいとヒストグラムに沿った凸凹した分布になる。0 であれば適当な値に設定される。この図では、演算メニューとして division を指定しており、データから読み取った 2 つの分布の割り算を行っている。

　実行すると図 10.5 のような 3 つのグラフが生成される。それぞれに、分布パラメータは t.csv、確率値は p.csv がファイル名の後についたデータファイルが出力されている。最大値、最小値、平均などを計算すると、おおよそではあるがそれぞれの割り算になっているはずである。
　同時に、先に説明した和算と同様にコンソールには演算過程が表示される。まず、指定した分布のファイル名などが表示されて、最後に分布の割算として演算されれば bunpu/bunpu と表示される。その後ろに、分布演算を行った直後の素の分布面積が表示され、それが 1 から大きく外

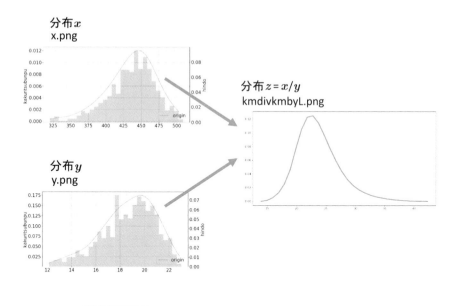

分布 x
x.png

分布 y
y.png

分布 $z = x/y$
kmdivkmbyL.png

れた場合は演算精度に問題がある可能性がある。もし、対象の分布の範囲の広さに差が大きくて、範囲の狭い分布の影響が小さい場合 bunpu/lean などと表示されて、範囲の狭い分布はそのパラメータ範囲だけが反映されて、範囲の広い分布の相似形として出力される。積算と商算の場合、分布の範囲 / 分布の平均値の値の比が 10 倍以上であった場合に相似形として出力される。

10-4 多次元分布の演算

　分布を生成する方法の中で、1次元の簡単な分布の演算方法については、前記の分布を生成する際に説明した。ここでは、多次元分布の演算を行う場合の注意点について説明する。多次元の分布を扱う場合で、例えば諸元を指定して分布を生成する場合は図 10.2 の最小値、最大値、平均値、標準偏差、分布の分割数を指定しているカギ括弧の中で、カンマ区切りで複数の諸元を指定すればよい。ファイルから抽出したデータを使って多次元分布を生成する場合は、図 10.4 で複数のデータ列を持つファイルを指定して、その指定したファイル名の後に指定する諸元の中で、2番目に指定するデータを抽出する列と、3番目に指定する分布の分割数において、それぞれのカギ括弧の中に次元毎の抽出するデータ列と分割数をカンマ区切りで入れてやればよい。

　図 10.6 は 3 次元の分布の和算を行った例である。3 次元の分布演算は、処理時間が長くなるので、分布の分割数を [20,20,20] 程度にしておくことをお勧めする。

分布x
x.png

分布y
y.png

$z=x+y$

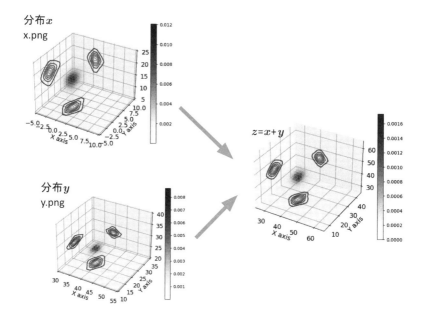

▲ 図10.6　多次元分布の和算

和算と減算の場合、input1 と input2 は共に同じ次元の
分布を指定するが、積算と商算の場合は input1 で多次元
の分布を指定して、input2 で 1 次元の分布を指定する。こ
れは一般的なベクトルの演算方法に従ったものである。今
後の機能拡張として、多次元と多次元の積は外積や内積を
定義していくことになる。図 10.7 は 2 次元分布と 1 次元
分布の積演算の例を示している。

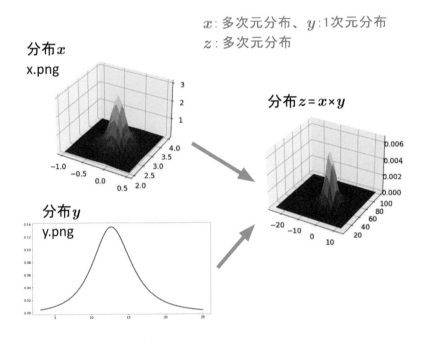

▲ 図 10.7　多次元分布の積演算

10-5 分布の比較

図10.8は、6章で説明したもので、2つの分布を比較して、上回る確率や下回る確率を演算する設定である。

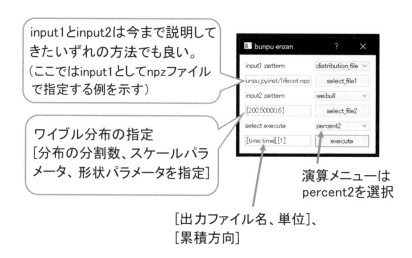

input1とinput2は今まで説明してきたいずれの方法でも良い。
（ここではinput1としてnpzファイルで指定する例を示す）

ワイブル分布の指定
[分布の分割数、スケールパラメータ、形状パラメータを指定]

演算メニューは
percent2を選択

[出力ファイル名、単位]、
[累積方向]

▲ 図10.8　分布の比較

分布の指定は、前記のように分布の諸元で指定したり、データのヒストグラムから生成することもできるが、一度演算した結果の分布はnpzという拡張子が付いた分布を生成するので、それを指定できる。図10.8ではinput1としてnpzファイルを入力としている。npzファイルとは、pythonのライブラリでnumpyという配列計算機能を使ったデータ出力形式である。このデータをnumpyで読取って配列に使われているクラスデータとして分布を活用する

こともできる。

　多くの場合、分布演算を行って、その結果を比較することになるので、ここでは npz ファイルを使うことが多いだろう。npz ファイルの指定の仕方は、input1 か input2 のメニューで distribution_file を選択して、そのメニューの下にある select_file ボタンをクリックすると、ファイルを選択する画面が立ち上がり、npz ファイルを選択することができる。選択すると、ファイル名がその左の入力フレームに表示されるので、これはこのままで演算として使うことができる。

　また、信頼性関係の演算を行うために input2 としてワイブル分布を扱うこともできる。ここでは input1 で、npz ファイルを指定している。input2 ではワイブル分布を指定している。ワイブル分布の指定は、input2 のプルダウンメニューで weibull を選択して、その左側にある入力フレームに、分布の分割数、スケールパラメータ、形状パラメータを指定する。ここではこの３つの値を一つのカギ括弧にカンマ区切りで記入する。もちろん、input1 と input2 は他の方法でも入力可能で、parameter を使って分布を指定したり、data_file を使ってデータのヒストグラムから作成した確率分布を使っても良い。

　左下の欄は、カギ括弧で出力ファイル名とグラフに表示する単位名をカンマ区切りで記入して、その後にカンマ区切りでもうひとつカギ括弧を作ってその中で累積方向（多次元は累積範囲）を指定する。

[time,time],[1]

　累積方向は、1 次元では上回る確率を求める場合 +1、
下回る確率を求める場合は −1 を記入する。多次元の場合
は方位ベクトルと範囲を角度で指定する。2 次元であれば
[1, −1, 90]、3 次元であれば [1,1,1,90,90] というように単位
ベクトルと角度範囲をカンマ区切りでカギ括弧内に記述す
る。角度範囲が 90 というのは、ベクトルの方向に対して
± 45° の範囲という意味である。

　実行すると、図 10.9 のグラフが生成されて、分布の比
較の章で説明した実力分布、目標分布、達成分布が描写さ
れており、"overlap ratio =" として達成分布の面積（2 次
元であれば体積、3 次元であれば超体積）、つまり上回る
確率や下回る確率が表示される。

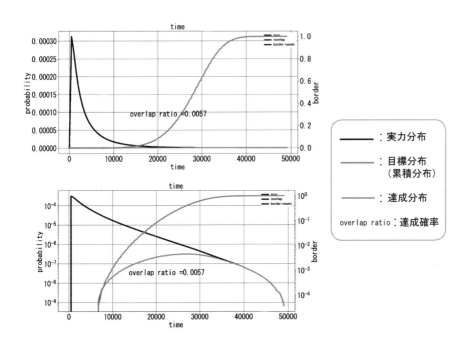

▲ 図 10.9　分布の比較

　図 10.9 の下図のように 1 次元分布だけは縦軸が対数表示のグラフも生成される。グラフは右側に累積分布である目標分布のスケールが表示されて、これは最大値が 1.0 または 10^0 として表示される。左側に実力分布と達成分布である確率分布のスケールが表示される。横軸のスケールは、3 つの分布の最小値から最大値までが表示されて、出力ファイル名と同時に指定した単位名が表示される。多次元の分布を比較した例は 6 章で説明したので、ここでは省く。

10－6 相関関係がある分布の演算

　ここでは 6 章で説明した、分布として演算する対象の
データの間に相関関係がある場合の演算設定を説明する。
図 10.10 がその電卓の設定方法を示す。

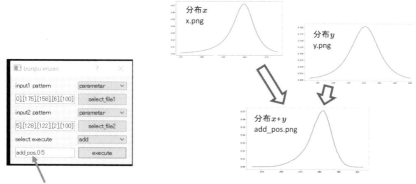

出力ファイル名、相関係数相当

▲ 図 10.10 　演算対象のデータ間に相関関係がある場合

　input1 と input2 の演算対象の分布は、今まで説明して
きたいずれの方法でも良い。select execute の下にある入
力フレームに記入する入力ファイル名の後にカンマ区切り
で相関係数相当の数値を入れれば、相関関係を考慮した演
算結果になる。実際の演算では、4 章で説明した演算範囲
の矩形を、相関関係相当の領域に絞り込み、相関係数に逆
比例した面積の領域に制限している。相関関係があるデー
タはもともとこの範囲しかデータが存在しないはずなの
で、その範囲だけの組合せで分布の確率値演算する、とい

う考え方に基づく。この相関関係は、あくまでも目安として計算されるので、厳密な分布ではない。

　図10.11では同じ分布の和算を相関関係を変えて演算したものだ。

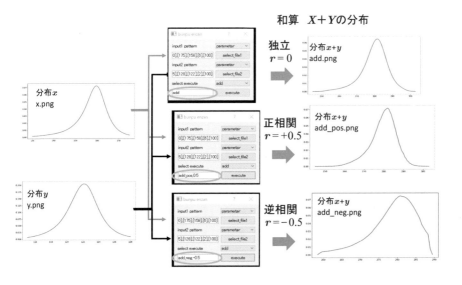

データ間の相関がある場合の和算

　一番上が相関係数 $r=0$ の場合、真ん中が相関係数 $r=0.5$ の正相関である場合、一番下が相関係数 $r=-0.5$ の逆相関である場合で演算したものである。中央にそれぞれの電卓の指定値を示す。違いは図 10.11 で青の楕円で指定した相関係数だけである。

　図10.12は同じ分布の積算を相関関係を変えて演算したものである。

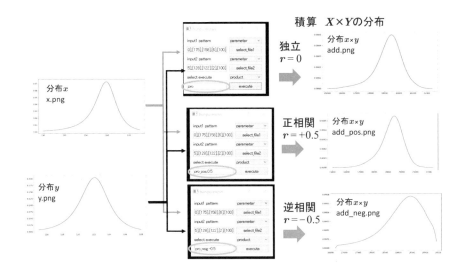

▲ 図 10.12　データ間の相関がある場合の積算

　一番上が相関係数 $r=0$ の場合、真ん中が相関係数
$r=0.5$ の正相関である場合、一番下が相関係数 $r=-0.5$
の逆相関である場合で演算したものである。中央にそれぞ
れの電卓の指定値を示す。分布形状の変化は和算と同様の
傾向があるが、減算や商算は、正相関と逆相関の関係が逆
の傾向になる。

10 - 7 時系列演算

　図 10.13 は 8 章で説明した時系列演算を行う場合の、電卓の設定を示す。

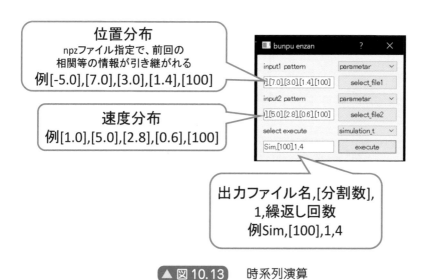

位置分布
npzファイル指定で、前回の
相関等の情報が引き継がれる
例[-5.0],[7.0],[3.0],[1.4],[100]

速度分布
例[1.0],[5.0],[2.8],[0.6],[100]

出力ファイル名,[分割数],
1,繰返し回数
例Sim,[100],1,4

▲ 図 10.13　　時系列演算

　時系列演算は演算メニューで、simulation_t を指定して左下の select execute の文字の下にある入力フレームで、出力ファイル名、分布の分割数、1 秒毎の演算であれば 1 を記述して、その後に演算の繰返し数を入力する。input1 と input2 で指定する入力分布は、今まで説明してきたいずれの方法でもかまわない。input1 に距離などの時系列変化を求める対象となるパラメータの初期分布を与える。input2 には速度などの input1 のパラメータに加算されるパラメータの分布を与える。input2 が変化しなければ必

要な繰返し数を指定する。input2 として時系列に変化する
速度を与える場合は、繰返し数を1として、一回ずつ分布
を与える必要がある。その場合は、2回目以降の演算では
input1 として1回目で生成された npz ファイルを指定し
て、2回目の input2 を選択して execute をクリックする。
それを演算を繰り返すことで input2 が変化する場合の時
系列演算が行われる。

図 10.14 は速度が変化しない場合、繰返し数を指定して
連続して演算を行った結果で、図 10.13 の設定で演算を
行ったものである。

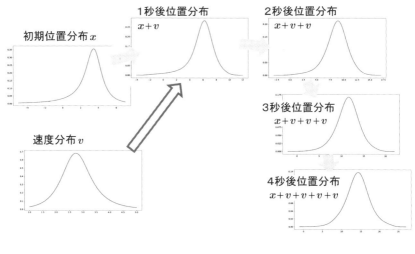

▲図10.14　時系列演算

初期位置に時系列演算を考慮した速度分布の加算を4回
行い、1回毎に単位時間である1秒毎の結果を演算するの
で、4秒後の位置分布が求まる。

217

10-8 シミュレーション（時間積分）

　ここでは時系列の微分方程式の分布解について説明する。図10.15は、9章で説明した微分方程式の分布解を求めるための機能で、簡単な時間積分によってシミュレーションを行う例を示した。

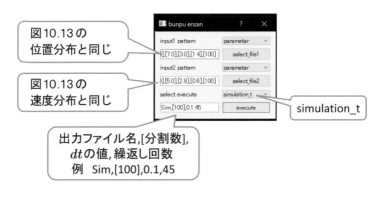

図10.13の
位置分布と同じ

図10.13の
速度分布と同じ

simulation_t

出力ファイル名,[分割数],
dtの値, 繰返し回数
例　Sim,[100],0.1,45

▲ 図 10.15　時間積分

　select execute の右にある演算メニューで simulation_t を指定して、左下の入力フレームで出力ファイル名、分布の分割数、分布積分を行う場合の微小時間 dt（演算周期）、その後に演算の繰返し数を入力する。この場合2番目の分布の分割数だけは多次元を想定してカギ括弧で記入する。繰返し回数で2以上の数字を指定すると、input2 が一定として、結果の分布を input1 の入力として演算を繰り返す。以上において、先ほどの時系列演算との違いは、dt として1を指定するか、微小な数値を入れるかの違いだけである。

input2 が一定ではなく、演算毎に変化する場合は繰返し回数を 1 として、演算結果の npz を次の input1 として指定して繰り返す。その際にも、時系列演算を行われる場合は、演算毎に変化する相関関係が引き継がれる。

　先の時系列演算と同様に、input1 で距離分布、input2 で速度分布を入力して演算すると、dt 秒後の距離分布が演算されて、その結果の演算範囲が引き継がれて次の dt 秒後の演算が行われ、位置が求まる。これを指定した繰返し回数だけ繰り返して、dt × 繰返し回数の時間が経過した時点の距離分布のファイルが生成される。図 10.16 は dt = 0.01 として繰返し数 450 回として演算したものだ。

　その場合、dt 秒ごとの全ての分布グラフが生成されるわけではなく、繰返し数 10 回目以降は、10 回おきに生成される。

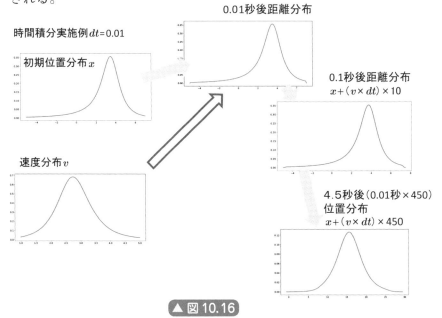

時間積分実施例 dt = 0.01

初期位置分布 x

速度分布 v

0.01秒後距離分布

0.1秒後距離分布
$x + (v × dt) × 10$

4.5秒後（0.01秒×450）
位置分布
$x + (v × dt) × 450$

▲ 図 10.16

10-9 フィードバック シミュレーション

　電卓の機能として、9章で説明したフィードバックシミュレーションとして図9.10のような自車が前方の先行車や障害物に接近している場合、車間距離に応じて駆動力を変化させて減速や加速を行い、一定の車間距離になるようにフィードバック制御を行うシミュレーション演算を組み込んである。図10.17がその際の設定である。

位置分布
例[-2.0],[1.0],[-0.8],[0.3],[50]

速度分布
例[21.17],[24.67],[23.37],[0.4],[50]

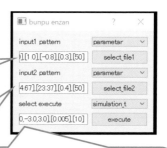

出力ファイル名,[分割数],*dt*の値, 繰返し回数,フィードバックゲイン,[ターゲット距離],[ターゲット速度],制御フラグ(2=PID),初期加速度,最小加速度,最大加速度,[積分項ゲイン],[微分項ゲイン]
例　Sim,[50],0.1,300,2.5,[40],[16.67],2,[0.0,-3.0,3.0],[0.005],[10]

▲ 図10.17　フィードバック制御

　input1で初期位置の分布を指定して、input2で初期速度を指定する。演算メニューとしてsimulation_tを指定して、その左下の入力フレームは以下の項目をカンマ区切りで記入する。項目の概要も記すので参考にされたい。

- 出力ファイル名（グラフ等のファイルは 0 からの連番が付与され、10 個までは演算毎に毎回出力、それ以降は 10 個おきに出力）
- 分布の分割数（1 次元の場合は 50 以上の分割を推奨）
- dt として積分の演算更新時間を指定
- 演算の繰返し数（この数字と dt の積がシミュレーションの継続時間となる）
- 距離に比例した加減速ゲイン
- ターゲット距離（図 9.10 の目標距離 40m のこと、初期の車間距離は $40+X$m、目標距離＋ターゲット速度×時間の位置に収束するようにフィードバックする）
- ターゲット速度（先行車はターゲット距離の位置からターゲット速度で離れていく、自車の速度の下限がこれより速い場合は接近していく）
- 制御フラグ（PID 制御の場合は 2 を指定）
- 初期加速度（自車の加速度を設定、加速度にはバラツキが設定できない）
- 最小加速度、最大加速度（制御によって変化できる自車の加減速の範囲を設定）
- 積分項ゲイン（制御がスタートした時点から、ターゲットとの距離を時間積分して、積分値に比例する加減速を付与する）
- 微分項ゲイン（ターゲットとの距離の変化に応じて加減速を付与する、ターゲット付近では速度が一定になるように作用する）

8章で説明したように、フィードバック制御などによる
演算ができるのは、シミュレーションがある程度進んで分
布演算の演算範囲が対角線上に集約されて面からラインに
なってからになる。そのタイミングは分布の形状や分割数
によるが、加算で説明した Z_1 ライン上の組合せ計算数が
10 個以下になるか、初期の 1/10 以下になり、平行四辺形
の辺の比率が約 1：10 になった時点以降である。そのタイ
ミングでコンソールに "演算範囲がラインになった" と表
示されるので、その時間より後に制御が開始されるように
ターゲットの距離や速度を設定する。図 10.17 では、40m
前方にターゲット（この位置に収束する設定であり、実際
の先行車の位置はこれより所定距離はなれている想定）の
距離が設定されており、これが速度差が $-8 \sim -4.5\,\mathrm{m/s}$
$(16.67 - 24.67 \sim 16.67 - 21.17\mathrm{m/s})$ で接近するので 5 秒くら
いに制御が始まる。実際に演算範囲がラインになったタイ
ミングは 4 秒程度なので、5 秒前後から制御が開始する設
定としている。

　図 10.18 に出力されたグラフを載せている。図 10.18 に
設定した自車の初期位置と速度の分布と、演算結果である
$dt = 0.1$ 秒後と 3.0 秒後の位置グラフである。

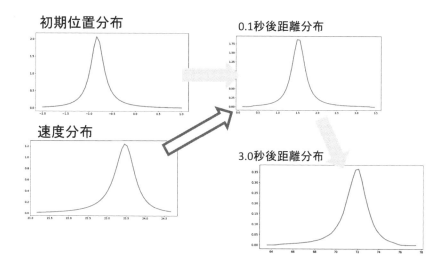

初期位置分布 ・ 速度分布 ・ 0.1秒後距離分布 ・ 3.0秒後距離分布

▲ 図 10.18 時間積分実施例 dt=0.1（0〜3.0秒後）

　3秒時点で分布は速度分布に近い形状になっており、4秒後には演算範囲がラインになった表示がでるので、速度分布とほぼ相似になっている。この後制御が始まってからの位置分布が図10.19で、フィードバック制御によってそれぞれの位置に応じた加速度が変化するので、分布の形状が大きく変動する。数秒おきにピークが右や左に大きく変動しているのがわかる。図10.20では、制御が収束しており、20秒以降では、ほぼ相似の分布で、範囲も数m以内に収まっている。

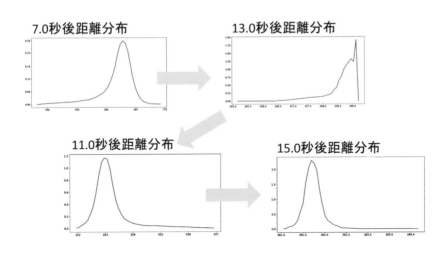

▲図 10.19　時間積分実施例 $dt = 0.1$（7.0 〜 15.0 秒後）

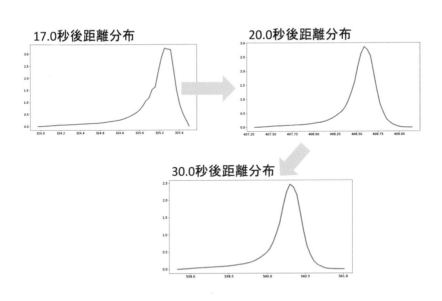

▲図 10.20　時間積分実施例 $dt = 0.1$（17.0 〜 30.0 秒後）

図 10.21 は速度の上下限をプロットしたグラフで、速度
が一定の範囲と変動している範囲は、それぞれ距離分布の
形状も安定している時期と乱れている時期に対応してい
る。

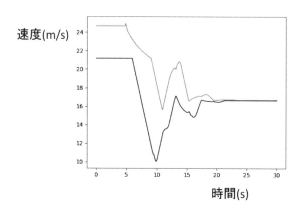

▲ 図 10.21　　　速度の上下限値

　このグラフは、制御がうまく収束した場合のシミュレー
ションだが、みなさんも、比例ゲイン、積分項ゲイン、微
分項ゲインをいろいろ変えてやってみると収束しなかった
り、もっとうまく収束できるかもしれない。

10-10 構造設計（距離積分）

　ここでは、9章で説明した距離を積分変数とする方程式の分布解を電卓で求める方法を説明する。演算対象は図9.18で示した、1次元の棒に力を加えたときのひずみから変位量を求める方法である。図9.18～図9.21で説明したケースと同じ結果を実際に演算する方法について説明する。図9.18で説明したように、棒の0～1.0mまでと1.0～3.0mまでは剛性や断面積が異なり、力を加えたときのひずみが異なる。したがって、積分は前半と後半の2回に分けて行っている。前半の設定が図10.22で、その演算結果として図10.23のグラフが出力される。後半の設定が図10.24で、その結果として図10.25のグラフが出力される。

　図10.22に示すように、input1とinput2はどちらもparameterを選択して、input1では初期変位を入力するので0と記入、input2では前半の $F(x)$ を示す分布諸元を入力する。

　演算メニューは simulation_x を選択するが、時間積分との違いは演算対象となる分布相互に相関関係がない場合の演算である点である。例えば、場所によって変化するひずみと距離から変位を求める場合に、そのひずみと変位のバラツキ間に関係がなく、それぞれ自由な値をとりうることを前提に演算を行う。

x=0〜1mまでは$F(x)$=0.005〜0.008,（平均0.006,標準偏差0.0004)←この演算
x=1〜3mまでは$F(x)$=0.003〜0.006,（平均0.005,標準偏差0.0004)

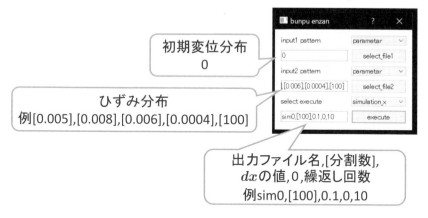

初期変位分布
0

ひずみ分布
例[0.005],[0.008],[0.006],[0.0004],[100]

出力ファイル名,[分割数],
dxの値,0,繰返し回数
例sim0,[100],0.1,0,10

▲図 10.22　距離積分（構造設計）

select execute の下にある一番下のフレームには、以下の項目をカンマ区切りで記入する。

- 出力ファイル名 sim0（時系列シミュレーションと同様に、生成されるファイルは 0 からの連番が付与される）
- 分布の分割数 100（この場合はフィードバックのように演算範囲が狭まることはないので、50 以下の値でもよい）
- dx として積分の演算更新を行う微小間隔 0.1 を指定
- フラグ設定値として連続演算の場合 0 を設定
- 演算の繰返し数 10 を設定

以上の設定で execute をクリックすると実行されて、0.1m 間隔で 10 回繰り返すので 1.0m の位置までの変位を、sim0 に繰返し数を付加したファイル名のいくつかのファイルを生成する。sim00.png から始まり、sim09.png のファイル名がグラフで、図 10.23 の下に最初と最後のグラフを示す。分布のデータファイルとして sim00.npz から始まり、sim09.npz までのファイルが出力されて、この sim09.npz を使って、後半の演算を行う。

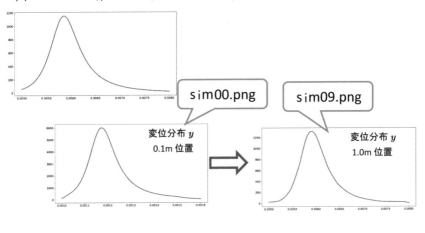

▲ 図 10.23　ひずみ分布 $F(x)$

後半の演算は図10.24で示すように、input1では distribution_file を指定して、select_file1 を使って1.0mでの変位の分布である sim09.npz を選択する。

x=0〜1mまでは$F(x)$=0.005〜0.008,(平均0.006,標準偏差0.0004)
x=1〜3mまでは$F(x)$=0.003〜0.006,(平均0.005,標準偏差0.0004)←この演算

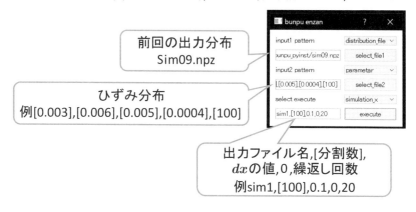

前回の出力分布
Sim09.npz

ひずみ分布
例[0.003],[0.006],[0.005],[0.0004],[100]

出力ファイル名,[分割数],
dxの値,0,繰返し回数
例sim1,[100],0.1,0,20

▲図10.24 距離積分（構造設計）

　input2では parameter として、後半のひずみ分布 $F(x)$ の諸元を記入する。select execute の下にある一番下のフレームは以下の項目をカンマ区切りで記入する。

- 出力ファイル名 sim1（前半とは異なる名称）
- 分布の分割数 100
- dx として積分の演算更新を行う微小間隔 0.1 を指定
- フラグ設定値として連続演算の場合 0 を設定
- 演算の繰返し数 20 を設定

以上の設定で実行すると、20 回繰り返すので、1.0m から 3.0m までの変位分布が sim1 に繰返し数を付加したファイルが生成される。その最初と最後のグラフを図 10.25 の下に示す。

$F_{(x)}=0.003\sim0.006$,(平均0.005,標準偏差0.0004)

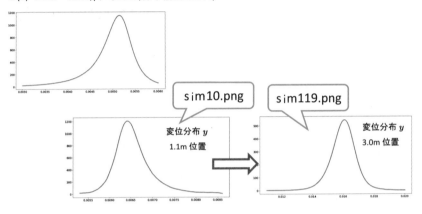

▲ 図 10.25　ひずみ分布 $F_{(x)}$

ここで述べた距離積分は、他の応用として、5 章 9 節で述べた分布の任意倍数の分布を求める場合にも必要になる。例えば、分布 a の 2.5 倍の分布を求める場合には、input1 と input2 に同じ分布 a を指定して微小間隔を 0.1、繰返し数を 25 として演算すればよい。

第10章 付録

電卓が扱う分布のデータ仕様

　ここでは、この電卓で生成した分布を、Python の環境で処理したり、Python の環境で作成した分布をこの電卓にくわせるためのインターフェース仕様を説明する。このインターフェース仕様に従って、分布を処理するツールを作成すれば、分布データの互換性が保たれる。Python とのインターフェースは、numpy というライブラリで扱うことができる、拡張子が npz というファイルを介して行われる。分布の npz ファイルは以下のデータを持つ。

npz ファイルのデータの一部

dim 　# 分布の次元数（数値）

xmin 　# パラメータの最小値（配列、次元の数の要素を持つ）

xmax 　# パラメータの最大値（配列、次元の数の要素を持つ）

dx 　# パラメータの区間幅（配列、次元の数の要素を持つ）

div 　# パラメータの分割数（配列、次元の数の要素を持つ）

para 　# パラメータ（配列、1 次元のみ確率値を含む）

mesh 　# 1 次元の場合パラメータと同じ、2 次元以上の場合、
　　　　　パラメータを numpy の meshgrid で処理した
　　　　　各グリッド値と対応する確率値

flatten 　# 1 次元の場合パラメータと同じ、2 次元以上の場合、
　　　　　上記 meshgrid の各多次元配列を flatten で
　　　　　1 次元配列にしたものと対応する確率値

例えば、x の軸を持つ 1 次元分布で、x の最小値 xmin=4、最大値 xmax=9、分割数 div=100、の場合

区間幅 dx=0.050505、パラメータ para=
[[4 4.050505,,,,,,,8.949495,9],[対応する確率値の配列]]
というデータになる。

以下の Python コマンドによって、電卓で生成した npz ファイルから各データを抽出できる。

```
import numpy as np
ar=np.load(' ファイル名 .npz')
dim=ar['arr_0']
para=ar['arr_1']
mesh=ar['arr_2']
flatten=ar['arr_3']
xmin=ar['arr_4']
xmax=ar['arr_5']
dx=ar['arr_6']
div=ar['arr_7']
```

データの内容は以下のコマンドなどで確認してみてほしい。

```
print(para)
```

また、以下の Python コマンドによって、Python などで作成した分布の変数を npz ファイルにすることができる。

```
import numpy as np
np.savez(' ファイル名 .npz',dim,para,mesh,flatten,xmin,
xmax,dx,div)
```

　以上によって、みなさんの好みの表示形式でグラフを作成したり、みなさんが作成した分布を使ってこの電卓で演算を行うことができる。

この章のまとめ

☐ これまで説明してきた以下の項目を演算するための
　ツール（分布の電卓）の使い方を説明した。

- 演算対象の分布を、最小値、最大値、平均値、標準偏差
　などの諸元を指定して生成して演算を行う。

- データの頻度分布から確率分布を生成して演算を行う。

- 1次元から3次元までの分布を生成して、四則演算を
　行うことができる、その注意点。

- 分布の比較を行い、分布の関係を確率値として演算する。

- 相関関係があるデータ間の演算方法。

- 時系列演算を行う場合の演算方法。

- 微分方程式の分布解として、分布の時間積分や距離積分
　を行う方法。

- 時間積分によりフィードバック制御を行う方法。

- 距離積分として簡単な構造設計の演算方法。

11

分布を使った設計例

　ここでは、10章で説明した分布を扱う電卓を使って、実際に設計を行った例を示す。3章で示した、

1. 部品などのハード設計例として寿命保証

2. ランダムなイベントを扱うソフト設計の例として データ記録装置

それから、8章と9章で説明した時間積分の設計例として

3. 車両制御を行う場合のシミュレーション設計

これら3つの例の具体的な演算方法を説明する。

　このデータを実際のシステムや部品を使って計測器などで測定したデータから抽出する場合の方法は章末の付録を参照されたい。

11－1 ハードの寿命保証

　ここで言うハードとは負荷がかかるアクチュエータや構造部品のことで、アクチュエータなどが作動したときに不定期に負荷がかかり、その負荷の回数が一定数を超えると壊れる可能性がある場合に、信頼性保証をどのように行うかを述べる。p.54, 75 で説明したストレスストレングス解析を行う場合に、その負荷がどのような分布になるかを求めるのは困難な場合が多かった。例えば、車両生涯のブレーキの作動回数などのデータは、様々な環境要因によるバラツキを持つデータとしては収集が困難なので、データが収集しやすいブレーキの作動頻度や車両の生涯走行距離などから分布演算によって求める。その負荷と強度の分布の比較結果から故障率を求めて、さらに、その結果からどのような評価を行えば故障率が保証されるかまでを説明する。5 章で説明した分布の比較で使った言葉を使うと、車両生涯の負荷回数の分布が実力分布、故障するまでの負荷回数の分布が目標分布、故障率が達成確率となる。つまり故障率とは負荷が故障する回数を上回る確率を求めることである。

　さらに、故障確率を所定以下にするために、故障する作動回数の分布を保証するためのパーセンタイル（％タイル）から必要な耐久試験の要件を求める。

　ここで言う故障する作動回数の分布とは、例えばワイブ

ル分布などのことで、ハード設計者なら必ず行っているワイブル解析を、従来方式のように単純化しない、素のワイブル分布を使うことで複雑なケースでもわかりやすく見通しの良い解析が可能となる。もちろん、故障する回数分布がワイブル分布に従っていなければ実際の故障に至る作動回数測定値のヒストグラムで解析することも可能である。

　図11.1で全体の演算フローを説明する。全体のステップは以下の3つである。

　①生涯作動回数の演算
　②故障率の演算
　③評価条件の演算

　最初のステップ①生涯作動回数の演算として、kmあたりの作動回数である頻度分布と生涯走行距離の分布から、両者の積で求まる生涯作動回数の分布を求める。これらの分布は、環境要因や地域、ドライバーのバラツキを含んで正規化した分布として求めることが好ましい。
　②故障率の演算として、その生涯作動回数の分布と、ワイブル分布を比較して、その達成分布を求め、その面積が故障確率となる。ワイブル分布の形状パラメータは、部品が破壊に至る負荷回数の分布から求めておく必要がある。
　③評価条件の演算として、故障確率が目標の確率値になるようにワイブル分布のスケールパラメータを調整して（図10.8で説明）目標となる故障率に近いワイブル分布か

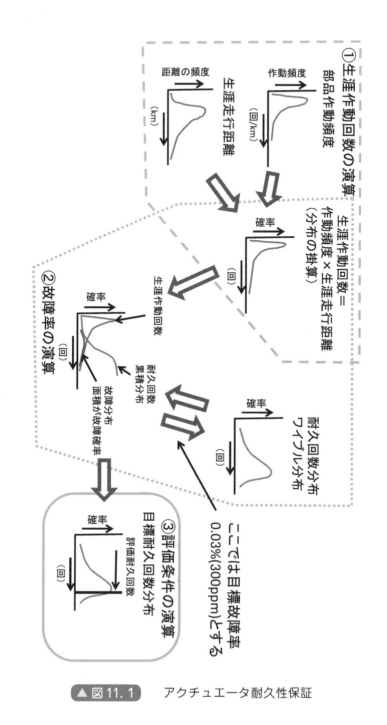

①生涯作動回数の演算
部品作動頻度

生涯走行距離

距離の頻度

作動頻度
(回/km)

(km)

生涯作動回数＝
作動頻度×生涯走行距離
(分布の掛算)

確率

(回)

②故障率の演算

生涯作動回数

確率

(回)

耐久回数
累積分布

故障分布
面積が故障確率

耐久回数分布
ワイブル分布

確率

(回)

ここでは目標故障率
0.03%(300ppm)とする

③評価条件の演算
目標耐久回数分布

確率

評価耐久回数

(回)

▲ 図11.1　アクチュエータ耐久性保証

ら、この分布を保証するために評価する耐久回数を求め、この回数まで破壊しないことを確認すればよい。

　p.285 のダウンロードサイトに、ダミーデータがおいてある。作動頻度が hindo.csv、生涯走行距離が lifetime.csv、これをデータとして電卓に入力して演算することができる。図 11.2 の前者は、1 トリップあたりに走行した距離をブレーキ作動回数で割った作動頻度のデータを羅列したもの、後者は生涯走行距離のデータの羅列になっている。それぞれ、下のようなヒストグラムとなっており、もちろん、どちらもそれらしく生成したダミーデータになっており、実際よりかなり小さい値になっているので、注意してください。

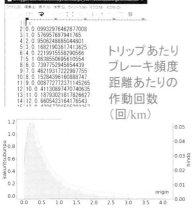

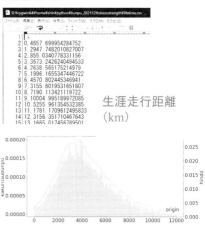

▲図 11.2　hindo.csv と lifetime.csv

図11.3は、最初のステップとして、作動頻度と生涯走行距離から生涯作動回数を求める演算である。

生涯作動回数（回）
＝作動頻度（回／km）×生涯走行距離（km）（分布の掛算）

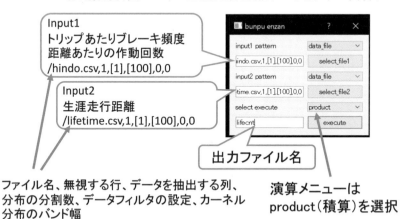

Input1
トリップあたりブレーキ頻度
距離あたりの作動回数
/hindo.csv,1,[1],[100],0,0

Input2
生涯走行距離
/lifetime.csv,1,[1],[100],0,0

出力ファイル名

ファイル名、無視する行、データを抽出する列、
分布の分割数、データフィルタの設定、カーネル
分布のバンド幅

演算メニューは
product（積算）を選択

▲図11.3　①生涯作動回数の演算

　作動頻度は、使用環境など様々な条件とその割合を考慮したデータとする必要があるが、それについては、本章の付録で解説する。

　最初の演算ステップとして、作動頻度分布と生涯走行距離から生涯作動回数分布を求める input1 では data_file を選択して、距離あたりの作動回数データである hindo.csv を指定して、必要なデータを抽出する条件やヒストグラムの分割数を指定する。input2 でも data_file を選択して、生涯走行距離データである lifetime.csv を指定して、前記同様のデータを抽出する条件を指定する。

　演算メニューは積の分布を求める product を選択して、

出力ファイル名を指定し、execute をクリックすると、このような生涯作動回数分布のグラフ図 11.4 と次で使う npz ファイルが生成される。

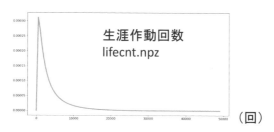

生涯作動回数＝作動頻度×生涯走行距離（分布の掛算）

▲ 図 11.4 ① 生涯作動回数のグラフ

図 11.5 は、先に生成した生涯作動回数分布とワイブル分布から故障率を求める設定である。

生涯作動回数分布がワイブル分布を上回る確率の演算

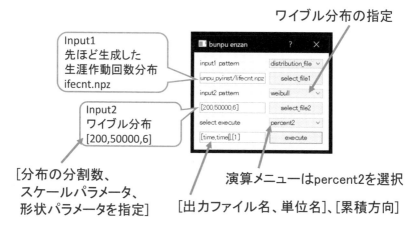

▲ 図 11.5 ② 故障率の演算

input1 では distribution_file を選択して、先に生成した npz ファイルを指定する。input2 では、ワイブル分布を使うコマンド weibull を選択して、分布の分割数、ワイブル分布のスケールパラメータと形状パラメータを指定する。ここでは分割数 200、形状パラメータを 6、スケールパラメータは 50000 から 30000 で変化させて目標故障率に近くなるワイブル分布を探索した。ここでは目標故障率を 0.05% として演算を行った。演算メニューは percent2 を選択して、バランス設計のファイルと単位名、累積方向を指定する。生成されるファイルはバランス設計を行ったグラフとワイブル分布の npz ファイルが生成される。ここでは、スケールパラメータ 30000 の場合の故障率は 0.37%（図 11.6）、50000 の場合は 0.03% となった（図 11.7）。

　したがって、以降はスケールパラメータ 50000 のワイブル分布で評価条件を求める。ここで注意することは、使ったワイブル分布は、自動的に wei.npz というファイル名で生成される点である。何度も演算を行うと、ファイルが上書きされるので名称を変更した方が良いだろう。

　最後にワイブル分布を保証する耐久試験の負荷回数を求める。図 11.7 のワイブル分布の累積分布が 60 〜 90% くらいを保証する作動回数がどの程度かを見てみる。すると 50000 〜 55000 回程度なので、この回数のパーセンタイルを正確に求めてみる。図 11.8 に示す設定のように、先ほどのスケールパラメータが 50000 のワイブル分布の npz ファイル wei.npz を input1 で指定する。

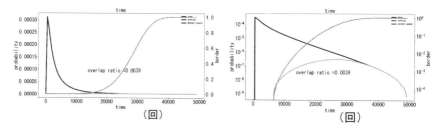

ワイブルのスケールパラメータ＝30000の場合
故障率0.39%

▲図11.6 故障率のグラフ

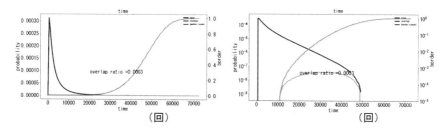

ワイブルのスケールパラメータ＝50000の場合
故障率0.03%

▲図11.7 故障率のグラフ

パーセンタイルを求める

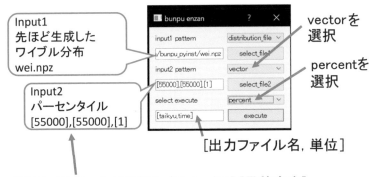

Input1
先ほど生成した
ワイブル分布
wei.npz

Input2
パーセンタイル
[55000],[55000],[1]

vectorを
選択

percentを
選択

[出力ファイル名, 単位]

[境界パラメータ1],[境界パラメータ2],[累積方向]

境界パラメータ1と2が異なる場合
⇒累積方向＋はその間、－はその外の確率

境界パラメータ1と2が同じ場合
⇒累積方向＋はそれ以上、－はそれ以下の確率

▲図11.8 ③評価条件の演算

　input2 では vector を指定して、パーセンタイルを求め
る回数の値を 50000 回と 55000 回で指定している。パーセ
ンタイルを求めるパラメータの指定で、所定値以上となる
確率を求める場合は、図にあるように同じ値をカギ括弧付
きで 2 回記述する。これを異なる値で記述すると、その間
の確率を求める演算になる。演算メニューは percent を選
択して、ファイル名と単位を指定して、execute をクリッ
クするとグラフ図 11.9 が出力される。

　図 11.9 は耐久試験の作動回数 55000 回で保証した場合
に、ワイブル分布が保証されない確率が 17%、図 11.10 は
50000 回で保証した場合に、ワイブル分布が保証されない
確率が 37% であることを求めた図である。

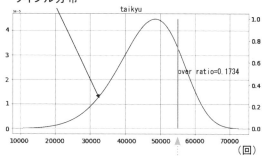

目標故障率0.03%を満足する
ワイブル分布

over ratio=0.1734

作動回数55000回以上の
パーセンタイル=17%

耐久試験の作動回数55000回で故障
しなかった場合に、この分布が保証さ
れない確率

故障率0.03%を満足するワイブル分布
が (1-0.17)×100=83%の信頼度で保証
される回数

▲ 図11.9
評価条件の信頼度演算1

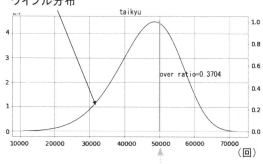

目標故障率0.03%を満足する
ワイブル分布

over ratio=0.3704

作動回数50000回以上の
パーセンタイル=37%

耐久試験の作動回数50000回で故障
しなかった場合に、この分布が保証さ
れない確率

故障率0.03%を満足するワイブル分布
が (1-0.37)×100=63%の信頼度で保証
される回数

▲ 図11.10
評価条件の信頼度演算2

図 11.9 では、55000 回の耐久試験を 1 回行って故障し
なかった場合、ワイブル分布が保証されない確率は、それ
以降のパーセンタイルである 17% となり、保証される確
率は 83% であることを示している。耐久試験は、1 回だけ
で壊れなかったからと言ってその回数が保証されるわけで
はないので、少なくとも数回は行う。

　試験を数回行って一度も壊れなかった場合にワイブル分
布が保証される確率を求めたのが図 11.11 である。

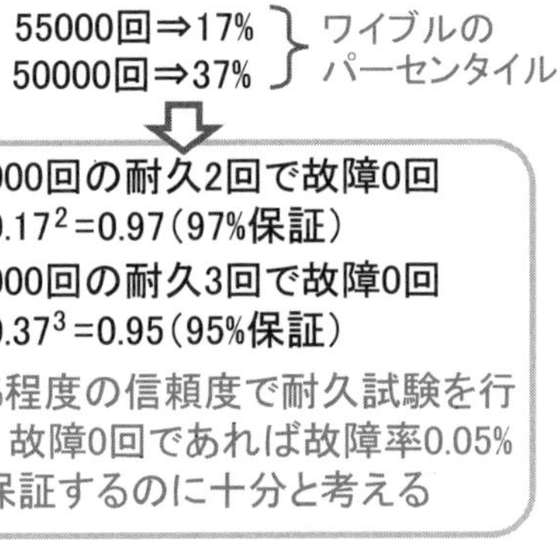

55000回⇒17%　┐ ワイブルの
50000回⇒37%　┘ パーセンタイル

55000回の耐久2回で故障0回
$1-0.17^2 = 0.97$（97%保証）
50000回の耐久3回で故障0回
$1-0.37^3 = 0.95$（95%保証）
90%程度の信頼度で耐久試験を行
い、故障0回であれば故障率0.05%
を保証するのに十分と考える

▲図 11.11

　55000 回の試験を 2 回行って壊れなければ 97% でワイブ
ル分布が保証される。50000 回の試験を 3 回行って壊れな
ければ 95% の確率でワイブル分布が保証される。これは、
ワイブル分布が保証される確率なので、ここまで高くなく
ても良く、90% 程度の確率で、目標分布は保証されれば十
分だといえるだろう。

11-2 ランダムなイベントを扱うソフト設計

　2つ目の設計例として、様々な製品の設計でニーズが高いと思われる、ランダムなイベントを扱う場合のソフト設計について説明する。製品機能の作動するタイミングなどがランダムに変動する場合に、それぞれのパラメータを分布として扱い、バランス設計を行う設計例である。

　具体的な例を挙げると、車が自動運転などで走行中に、お客様にとって意図しない不適切な車両挙動が発生してディーラーにクレームを言った場合、ディーラーがその時のデータを吸い上げて、解析し、お客様に説明したり、製品の改善を行う場合がある。吸い上げるデータは走行中の全てのデータを常時記録するわけにはいかないので不適切である可能性があるものを判別して記録する。その場合、記録するべきデータは車両や環境の状況に応じてランダムに発生して、ディーラーでデータを吸い上げるタイミングも事象が発生した当日の場合もあるし、何日も経過した後になることもある。吸い上げるまでに走行する距離も、短距離の場合もあれば長く走行した後に入庫されることもある。そのように様々なケースを想定して、記録するトリガーをどのような条件にするかということや、記録するメモリーをどの程度確保すればよいかといったことを設計する。

　設計のプロセスを図11.12、参考として、その際のデータのやりとりを図11.13に示す。

データを記録する機能

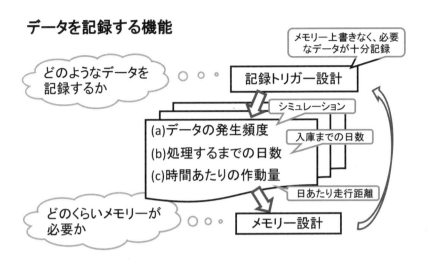

▲ 図 11.12 データレコーダー設計プロセス

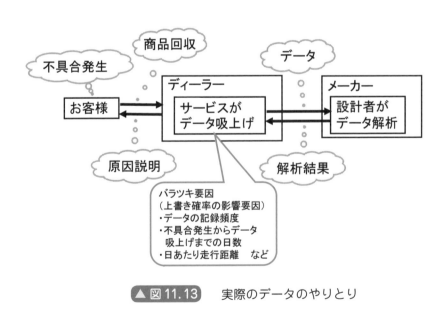

▲ 図 11.13 実際のデータのやりとり

最初に記録条件が異なる様々な記録トリガーを設計して、それぞれで (a) データ発生の頻度の分布を長距離走行してトリガーに必要なパラメータを測定した時系列の走行データに基づいてシミュレーションで求める。次に、過去の品質情報などから不具合が発生してからお客様がディーラーに持込むまでの日数や、データが通信などで吸い上げられる日数から、(b) 必要なデータが記録されてから、抽出されるまでの日数分布を求める。

　さらに、市場で走っている多くの車から収集されているデータから、(c) 日あたりの走行距離分布を求める。それらの分布を使って、分布演算によってバランス設計を行い、メモリーがいくつならお客様がディーラーに持ち込まれたときにメモリーが上書きされている確率が何％なのか、といったことを求めることができる。いくつかの記録トリガーで同じことを行い、メモリーの上書きされる確率が十分に低くて、必要なデータがもれなく記録されるトリガーを選択すればよい。

　前記 (a)(b)(c) の分布を使って、メモリーが上書きされる確率を求めるフローを説明したものが図 11.14 である。全体のステップは以下の 3 つである。

　① 1 回記録されるまでの日数分布の演算
　② 全てのメモリーが埋まるまでの日数の演算
　③ 入庫時にデータが上書きされる確率演算

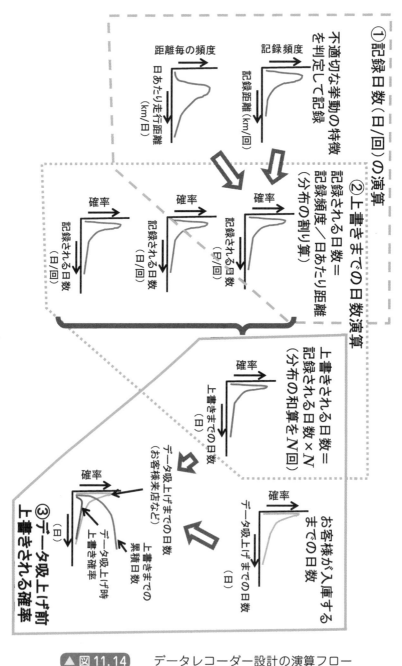

①記録日数（日/回）の演算

不適切な挙動の特徴を判定して記録

記録頻度
頻度 → 記録距離（km/回）

距離毎の頻度
頻度 → 日あたり走行距離（km/日）

②上書きまでの日数演算

記録される日数＝記録頻度／日あたり距離
（分布の割り算）

確率 → 記録される日数（日/回）

確率 → 記録される日数（日/回）

確率 → 記録される日数（日/回）

上書きまでの日数＝記録される日数×N回
（分布の和算をN回）

確率 → 上書きまでの日数（日）

お客様が入庫するまでの日数

確率 → データ吸上げまでの日数（日）

③データ吸上げ前上書きされる確率

確率 → （日）
上書きまでの日数
データ吸上げまでの日数（お客様来店など）
上書き面積日数
データ吸上げ時上書き確率

▲ 図 11.14　データレコーダー設計の演算フロー

①記録日数の演算で必要なデータとして、記録頻度の分布は、1回または所定回数作動するまでの走行距離を記録回数で割った、記録1回あたりの平均距離が距離毎に何回発生しているか、といった記録頻度のヒストグラムを作成する。フローはその記録頻度のデータがあることを前提として、①最初に、その分布を日あたり走行距離の分布で割り算を行った分布を求めると、前者は記録回数1回あたりの走行距離で、後者は日あたりの距離なので、1回記録されるまでの日数の分布が求まる。

次に②上書きまでの日数を演算する、ここで、メモリーに記録できる回数を N とすると、1回記録されるまでの日数の分布 N 個の和を求めると、メモリーが埋まるまでの日数が求まる。メモリーが埋まると、次には最初のメモリーを上書きして記録されるとするので、この日数までにデータが吸い上げられる確率を求めればよい。つまり、③データ吸上げ前に上書きされる確率を求めるために、メモリーが上書きされるまでの日数の分布をプラス側に累積した累積分布を求めて、お客様がディーラーに持込んでデータが吸い上げられるまでの日数の分布と、日数パラメータ毎に両者の確率値の積の分布を求めれば、その面積が上書きされる確率となる。p.134 で説明したバランス設計で言うと、お客様がディーラーに持込むまでの日数分布が実力分布で、データが上書きされる日数が目標分布、実際に上書きされる分布が達成分布となる。

p.285 に載せたダウンロードサイトに、ダミーデータがおいてあり、データ発生頻度が kmbtime.csv、日当たり走

行距離が kmbday.csv、データ吸上げまでの日数が cday.csv、それらをデータとしてツールに入力して演算できる。図 11.15 にて、それぞれのファイルに記述されたデータとそれを頻度分布にしたグラフを表示したが、これは、それらしく生成したダミーデータなので、実際のデータとは異なる。

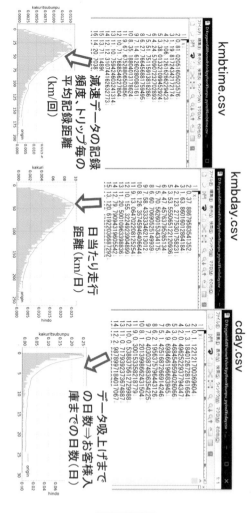

図 11.16 にて、データの記録頻度の分布から、日当たり走行距離の分布を割り算した分布を求める電卓の設定を示す。

メモリー1回記録される日数（日/回）
　＝メモリー1回記録される距離（km/回）／日あたり走行距離（km/日）

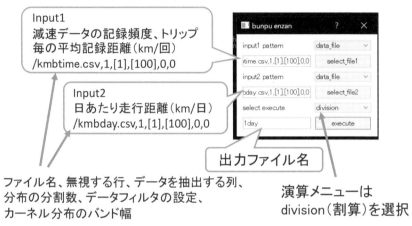

Input1
減速データの記録頻度、トリップ毎の平均記録距離（km/回）
/kmbtime.csv,1,[1],[100],0,0

Input2
日あたり走行距離（km/日）
/kmbday.csv,1,[1],[100],0,0

出力ファイル名

ファイル名、無視する行、データを抽出する列、分布の分割数、データフィルタの設定、カーネル分布のバンド幅

演算メニューは
division（割算）を選択

▲ 図 11.16　①記録日数（日/回）の演算

　前者は、input1 で data_file を選択して、ファイル名 kmbtime.csv を指定する。後者は、input2 で data_file を選択して、ファイル名 kmbday.csv を指定する。それぞれ、ファイル名の後に、無視する行数、抽出する列、ヒストグラムの分割数そのあと、0 を 2 つ指定する。演算は割り算なので、division を指定して、出力するファイル名を指定して、execute をクリックするとデータが 1 回記録されるまでの日数分布として図 11.17 のファイルが出力される。

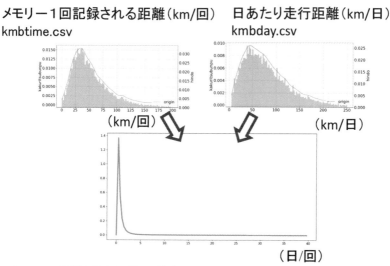

メモリー1回記録される距離（km/回）
kmbtime.csv
日あたり走行距離（km/日）
kmbday.csv
kakuritsubunpu
hindo
origin
（km/回）
（km/日）
（日/回）
メモリー1回記録される日数（日/回）
＝メモリー1回記録される距離（km/回）／日あたり走行距離（km/日）

▲図 11.17　①記録日数（日/回）の分布

次のステップでは、先に生成されたnpzファイルを使って、データが1回記録される日数分布どうしの和算を行い（図11.18の左）。そこで生成されたnpzファイルを使ってさらに和算を行い、それをN+1回繰り返して、N個のメモリーが全て記録されて上書きされるまでの日数分布を求める。先に生成された1回記録される日数分布のnpzファイルから和のnpzファイルを生成して、生成された和のnpzファイルに、さらにnpzファイルを加算するということを繰り返し行い、ここでは20個加算したnpzファイルを生成している（図11.18の右）。

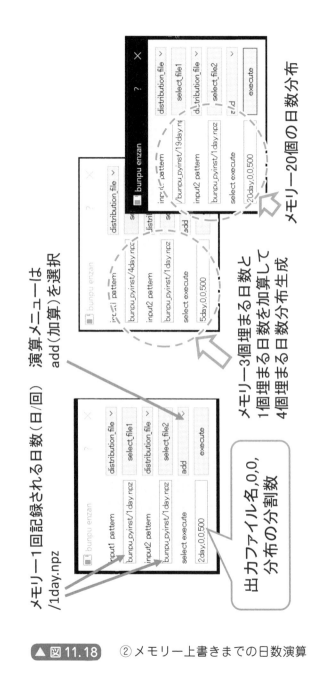

メモリー1回記録される日数（日/回）
/1day.npz

演算メニューは
add（加算）を選択

メモリー3個埋まる日数と
1個埋まる日数を加算して
4個埋まる日数分布生成

メモリー20個の日数分布

出力ファイル名,0,0,
分布の分割数

▲ 図 11.18　② メモリー上書きまでの日数演算

255

ここで気を付けなくてはならないことがある。入力する分布は、最初に分割数を 100 と指定したので、最小値から最大値を 100 分割してヒストグラムを作成しているが、割り算によって生成される分布はかなり偏った極端な分布である。偏りが大きい分布は演算時の分割を細かくしないと分布形状の精度が確保できない。和算の演算の入力フレームでは、出力ファイル名と相関関係を指定する値ふたつの後の 4 番目の値として演算時の分割数を指定できるようにしている。ここでは、この値を 500 以上の値にしている（図 11. 18）。

　また、演算を繰り返すと、加算された分布の幅は広くなっていくので、元の狭い分布を加算していくと、途中で分布演算から、分布の形状が相似でスケールだけ変換する相似変換に自動的に変わる。これは、幅の大きく異なる分布の演算の場合、幅の小さい分布は結果の分布形状に影響が小さくなるので、幅の大きい分布形状を引き継いで幅と確率値の変換だけ求めるためである。もしかしたら、加算して幅が広くなった分布同士で加算しても良いかもしれない。

　図 11. 19 にメモリーが最初に記録されるまでの日数のグラフ、4 個記録されるまでの日数グラフ、20 個記録されるまでの日数グラフを示す。分布形状はそれほど変化しないが、スケールが大きく広がっている。

メモリー1個埋まる日数分布
1day.npz

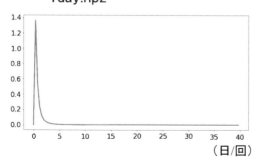

メモリー4個埋まる日数分布
4day.npz

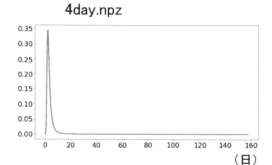

メモリー20個埋まる日数分布
20day.npz

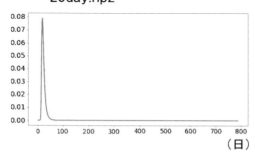

▲図 11.19　②上書きまでの日数演算

最後のステップの設定を図11.20で示す。

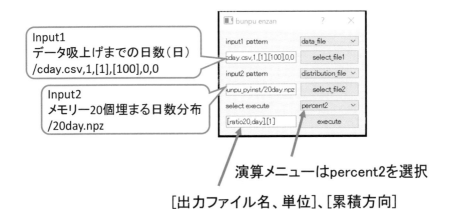

Input1
データ吸上げまでの日数（日）
/cday.csv,1,[1],[100],0,0

Input2
メモリー20個埋まる日数分布
/20day.npz

演算メニューはpercent2を選択

[出力ファイル名、単位]、[累積方向]

▲ 図11.20　③データ吸上げ前に上書きされる確率

　お客様が入庫するまでの日数分布を input1 で指定する。先に生成した、メモリーが全て上書きされるまでの日数分布を input2 で指定し、演算方法は percent2 を指定、さらに、出力ファイル名とグラフの単位、累積方向を指定して、実行すると、お客様が入庫した時点で全メモリーが埋まって上書きされる確率値を求めることができる。

　お客様が入庫するまでの日数分布が実力分布、メモリーが上書きされる日数分布が目標分布として、入庫された時点で全てのメモリーが埋まっている状態が、達成分布として生成される。達成分布の面積が十分小さければお客様が入庫された時点で必要な記録が残されている可能性が高い。

この演算結果のグラフとして図 11.21 のグラフはメモリーが 5 回で上書きされる場合、図 11.22 のグラフは 10 回の場合を示す。

記録5回分のメモリーの場合
⇒メモリーに対して記録頻度高い

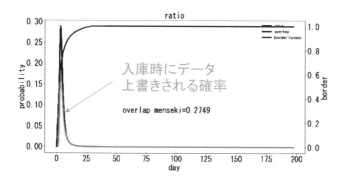

③データ吸上げ前に上書きされる確率

記録10回分のメモリーの場合
⇒メモリーに対して記録頻度妥当

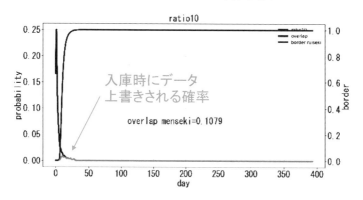

③データ吸上げ前に上書きされる確率

青の実線の分布が、データが吸い上げられた時点で必要な記録が上書きされている確率である。5回で上書きされると、10日程度で記録が消えてしまう確率が3割なので、トリガー設計を変えて、もっと記録頻度を下げるか、メモリーを増やす必要がある。10回であれば10%となり、10日程度記録が保持されているので、早く入庫されるお客様にとってはこの程度でも許容範囲と考える。

　ツールを使った実際の演算は、10章のツール使い方を見てもらい、実際にやってもらうと良いだろう。

システムの
シミュレーション設計

　8章で説明した時系列演算と9章で説明した微分方程式の分布解の例として、センサーではじめて検出された後続車両が所定時間後にどのくらいの範囲に存在しているか、といった未来の存在範囲のシミュレーションを行い、自車が車線変更した場合の接近リスクを設計する例を示す（図11.23）。

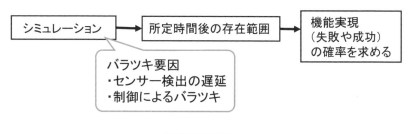

▲ 図 11.23

　図11.24に示す実施例のように、車両が自動運転として車線変更制御を行う場合、後方の車両を検出するためのセンサーで、後側方の隣接車線に接近車両が居なければ車線変更をスタートさせる。スタートさせてからの制御成立性を設計してみる。制御がスタートしてから直後に、センサーが接近車両を初めて検出できた位置と速度と、車線変更が完了したときの自車位置と経過時間で、安全な制御が可能かどうかを判断する。後続車両が検出されていない状態で、制御によって車線変更がスタートした直後に接近車

両を検出した場合に、制御を継続して、接近車両と制御車両が車間距離に余裕がなくなり、接近しすぎる確率を求める。

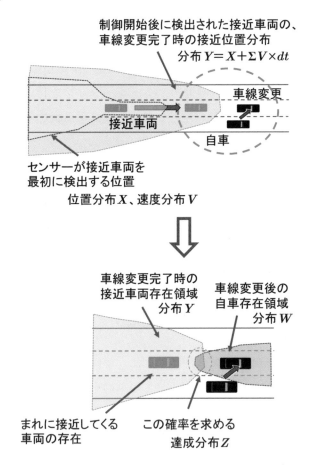

制御開始後に検出された接近車両の、
車線変更完了時の接近位置分布
分布 $Y = X + \Sigma V \times dt$

車線変更

接近車両

自車

センサーが接近車両を
最初に検出する位置
位置分布 X、速度分布 V

車線変更完了時の
接近車両存在領域
分布 Y

車線変更後の
自車存在領域
分布 W

まれに接近してくる
車両の存在

この確率を求める
達成分布 Z

▲ 図 11.24

車線変更時の後続車接近リスクをシミュレーション

図 11.25 に全体の演算フローを説明する。

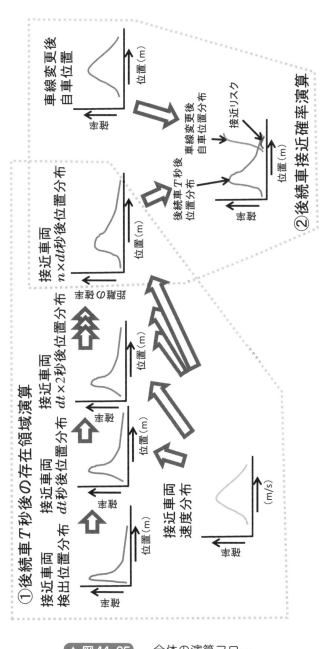

①後続車T秒後の存在領域演算

接近車両
検出位置分布

接近車両
dt秒後位置分布

接近車両
dt×2秒後位置分布

接近車両
n×dt秒後位置分布

接近車両
速度分布

車線変更後
自車位置

後続車T秒後
位置分布

車線変更後
自車位置分布

接近リスク

②後続車接近確率演算

ここでは以下の 2 つのステップとなる。

①センサーが検出した位置と相対速度から所定時間後の
　接近車両存在領域分布を演算
②接近車両存在領域分布と自車の位置分布から接近リス
　クを演算

①センサーが検出した後方からの接近車両の相対位置分
布と相対速度分布から、9 章で説明した時間積分を行う。
ここでは微小時間 $dt = 0.1$ として繰返し数 $n = 45$ 回で $X +$
$\Sigma V \times dt$ のように時間積分を行い $n \times dt$ 秒後（4.5 秒後）
の後続車両の存在範囲を求める（図 9.6 参照）。
②その結果の分布と車線変更後の自車位置分布を比較し
て達成確率を求める。その達成確率が十分小さい値であれ
ば接近リスクが小さいことになる。

センサーや車両制御のデータは実際の値を使うわけに
はいかないので、それらしい分布になるように生成した
ダミーデータを p.285 のダウンロードサイトに置いている。
そのファイルから以下の 3 つの csv データを取得してもら
う。図 11. 26 に示すように、

- センサーが検出した接近車両の相対位置データ：
  detectposi.csv
- その時の相対速度データ：detectspeed.csv
- 車線変更制御が完了した後の自車位置データ：
  lanechange.csv

の 3 つを使う。

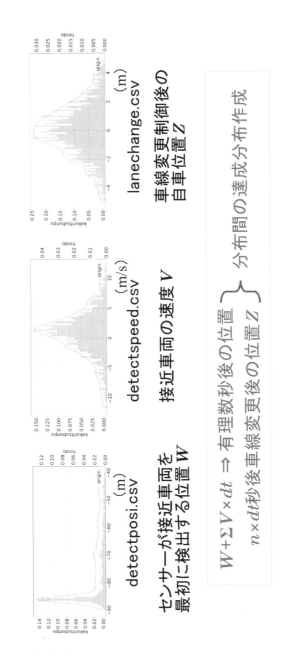

▲図11.26 csvデータ（ダミー）のカーネル分布

センサーで検出した接近車両までの距離は、そのセンサーの検出性能である程度決まるが、実際には、周辺の様々な車両や道路インフラによって影響を受け、かなり接近してから初めて検出されることもある。ダミーデータはそのようなバラツキを考慮した分布になっている。これらのデータから、車線変更制御が終了した時点の接近リスクを確率的に演算する。

　最初にセンサーが検出した接近車両の相対位置分布と相対速度分布から時間積分によって $dt×n$ 秒後の位置を求める演算を行う電卓の設定を図 11.27 に示す。

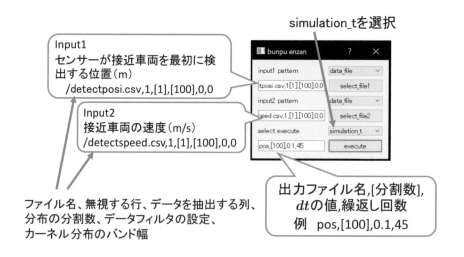

▲ 図11.27　　①後続車 $n×dt$ 秒後の存在領域演算

　input1 と input2 は、data_file を選択して、それぞれの select_file をクリックして csv ファイルを選択する。この

場合、input1 では detectposi.csv、input2 では detectspeed.csv を指定する。さらに、無視する行、読取るデータの列、分割数などをカンマ区切りで指定する。演算のプルダウンメニューでは simulation_t を指定する。出力フレームには出力するファイル名、分割数、dt の値、最後に繰返し数を記入する。繰返し数で 1 を指定して手動で逐次演算を繰り返す場合、生成された npz ファイルを input1 で指定して次の演算を繰り返す。繰返し数で 1 より大きな数字を指定すれば自動的に演算が繰り返される。図 11.28 に dy=0.1 として 45 回繰り返した際に生成されたグラフを示す。

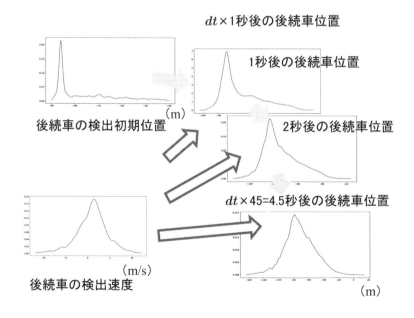

▲ 図 11.28　① 後続車 T 秒後の存在領域演算

最後に所定時間後の位置と、車線変更制御後の自車位置の分布を比較する演算を行う場合の電卓の設定を図11.29に示す。

Input1
後続車4.5秒後の存在領域（m）
/pos44.npz

Input2
車線変更制御後の自車位置分布
/lanechange.csv,1,[1],[100],0,0

ファイル名、無視する行、
データを抽出する列、分布の分割数、
データフィルタの設定、
カーネル分布のバンド幅

演算メニューはpercent2を選択
［出力ファイル名、単位］、［累積方向］

▲ 図 11.29　　②後続車接近確率演算

　所定時間後の位置分布が求まったら、そのnpzファイルをinput1で選択、自車が車線変更した後の位置分布lanechange.csvをinput2で選択して、抽出するデータの位置を指定する。演算のプルダウンメニューでpercent2を選択して、出力するファイル名、単位、累積方向を1と指定してexecuteをクリックする。図11.30に比較対象の2つのグラフと比較結果のグラフを示す。

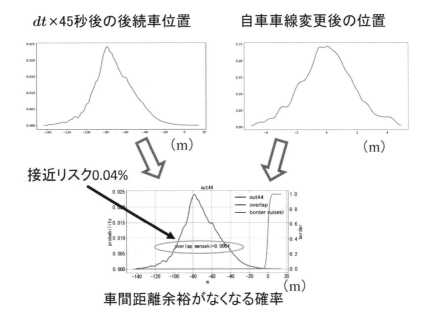

dt×45秒後の後続車位置

自車車線変更後の位置

(m)

(m)

接近リスク0.04%

車間距離余裕がなくなる確率

▲ 図 11.30　②後続車接近確率演算

　演算結果のグラフが生成されて、$dt×n$ 秒後の後続車の位置分布と、車線変更後の自車位置分布から車間距離に余裕がなくなる確率がわかる。図 11.31 はその対数表示グラフで、ここでは 4.5 秒で車線変更が終了したとすると、接近リスクは 0.04%、5.5 秒の場合は 0.18% となり、車間距離の余裕がなくなる確率を求めることができる。

4.5秒後の接近リスク

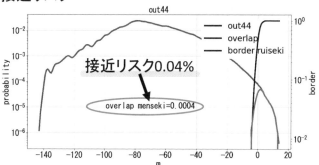

5.5秒後の接近リスク

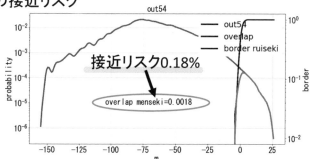

▲ 図 11.31

　この場合、この値が 0% でなかったとしても、実際に接触のリスクがあるわけでなく、余裕がなくなったことを判定した場合には、車線変更を中断して元の車線に戻ることになるので、その確率がある程度小さければよい。その確率が大きければ、車線変更が成功しない頻度が無視できなくなり、不要作動としてわずらわしさが大きくなる。成功しない確率を小さくするためには、レーダが後続車を検出する際に、周辺の障害物の影響を受けにくくする改善を行うか、車線変更制御を早く終わらせる必要がある。

ダミーデータは、レーダの検出距離など、意図的に実際に必要な距離より短いデータを生成しているので、注意されたい。 また、ここでは車線変更制御を行う場合のシミュレーション設計を行ったが、同様に様々なシチュエーションでの制御リスクを設計することが可能で、このようなリスク設計の積み重ねが運転の自動化を実現するものだと考えている。

　以上、３つの実施例を説明したが、今後は様々な数学に拡張して、高度な設計に応用できるようにしていきたいと考えている。

　また、引用で示した過去の論文 (p.285) では、更に複雑なシミュレーションや解析に応用した例がある、参考にしてもらえると嬉しい。

11 − 4 練習問題

ここまで説明してきた内容を応用して、練習問題を行ってほしい。

練習問題 1

p.285 に記載した筆者サイト、または書籍サポートページから、必要なデータ（ダミーデータ）をダウンロードして、解いてみて下さい。

車が消費する毎月のガソリン代が、変動する月収の所定割合であるガソリン予算を超える確率を求めよ。

今回使うデータ 4 つ

datakm.csv ………… 毎月の走行距離 (km/ 月)
datakmbyL.csv …… 毎月の燃費 (リットル / km)
datayenbyL.csv …… ガソリン価格 (円 / リットル)
yen.csv …………… ガソリン予算 (円 / 月) 月収の所定 %

答え

図 11.32 のフローに従って演算を行うことで、予算超過確率は 0.06% となる。

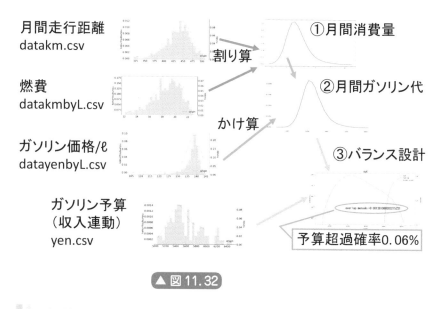

月間走行距離
datakm.csv

燃費
datakmbyL.csv

ガソリン価格/ℓ
datayenbyL.csv

ガソリン予算
（収入連動）
yen.csv

割り算

かけ算

①月間消費量

②月間ガソリン代

③バランス設計

予算超過確率0.06%

▲ 図 11.32

解説

　毎月消費する自家用車のガソリン代が、毎月の月収の所定％を超える確率を求める。バランス設計として、月間ガソリン代の分布が月収の所定％であるガソリン予算を上回る確率を求める。月間のガソリン代は、実際に使ったガソリン代を集計しても良いが、様々な変動要因を含んでいるガソリン価格や燃費や走行距離といった、個別の分布からガソリン代を求めた方が、網羅的な分布になると考える。

　月間走行距離 (km/ 月) 分布で燃費 (km/ リットル) の分布を割った商から月間ガソリン消費量 (リットル / 月) の分布が求まる。その月間ガソリン消費量 (リットル / 月) の分布とガソリン価格 (円 / リットル) の分布の掛算を行った積の分布から月間ガソリン代 (円 / 月) の分布が求まる。

その月間ガソリン代を実力分布、毎月の月収の所定%の分布を目標分布として、分布の比較を行い、上回る確率を求めると、予算超過確率 0.06% が求まる。

　以上は、全て相互に独立なデータとして演算を行ったが、実際には相互に相関関係があるデータもあるかもしれないので、もし、実際に記録したデータがあれば相関係数を演算して、分布演算を行う場合に考慮してみても良い。ここで提供するデータはすべてダミーデータなので、相関関係は考慮していない。

練習問題 2

　11章3節のシミュレーション設計で説明した演算では csv データに含まれる進行方向のデータだけを使って1次元分布として演算した。
　csv データには、最初の列に連番、次に進行方向位置、その次に横方向の位置、が含まれる。同じ演算を進行方向と横方向の2次元分布として行って、後続車の接近リスクを求めよ。

今回使うデータ3つ

detectposi.csv

detectspeed.csv

lanechange.csv

答え

ダウンロードしたcsvデータから2次元分布を作成すると、図11.33のようになる。このデータを使って、図11.34のフローに従って演算を行うことで、接近する後続車の車間距離に余裕がなくなる確率は4.5秒後で0.03%、5.5秒後で0.16%となる（図11.37、図11.38）。

解説

前記csvファイルのデータから2次元の分布を生成すると、図11.33のようなグラフになる。

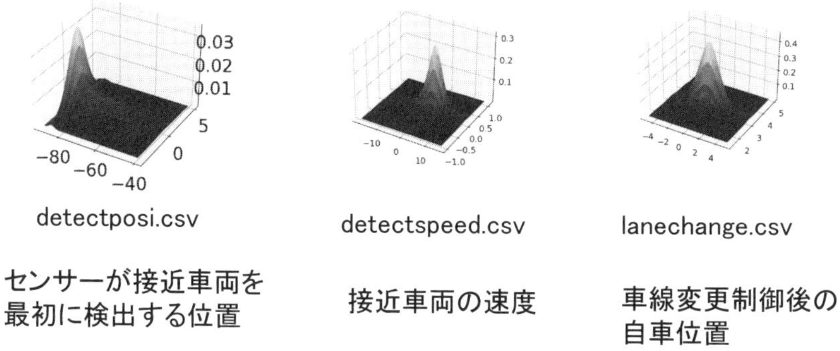
0.03
0.02
0.01
5
0
−80
−60
−40
detectposi.csv
センサーが接近車両を最初に検出する位置
0.3
0.2
0.1
1.0
0.5
0.0
−0.5
−1.0
−10
0
10
detectspeed.csv
接近車両の速度
0.4
0.3
0.2
0.1
5
4
3
2
−4
−2
0
2
4
lanechange.csv
車線変更制御後の自車位置

▲図11.33　csvデータ（ダミー）のカーネル分布

この3つのデータから、車線変更制御の開始トリガー入った場合、その時点で後続車が存在しなかった場合に車線変更制御がスタートして、その直後に後方のセンサーが後続車の接近を検出した場合、その位置はdetectpos.

csv の分布で示される接近車両の位置で、そこから
detectspeed.csv の分布で示される接近車両の速度分布に
従って移動するとする。車線変更が完了するまでの時間を
4.5 秒から 5.5 秒とすると、接近車両の位置と速度から 4.5
秒から 5.5 秒後に位置の存在領域を求めて、それと、自車
が車線変更後の位置から、自車と接近車両の車間距離がな
くなる確率を求めて、それが十分低ければリスクが低いと
考える。

　以上の演算フローを図 11.34 に示す。

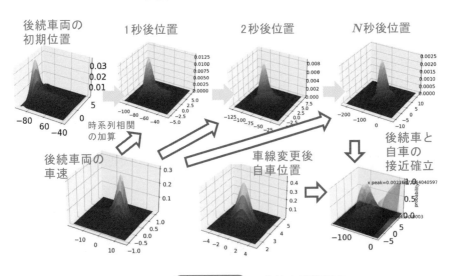

▲ 図 11.34　全体の演算フロー

　後続車の初期位置から、接近車両の車速で時系列演算を
行い、0.1 秒毎に 4.5 秒まで時間積分を行う。その後、4.5
秒後の位置分布と自車両の車線変更後の位置分布から、分
布の比較を行い車間距離がなくなる確率を求める。時間積
分を行う場合の電卓の設定は図 11.35 に示す。

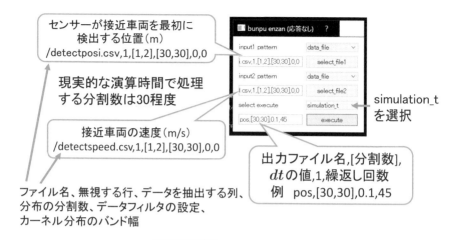

センサーが接近車両を最初に
検出する位置（m）
/detectposi.csv,1,[1,2],[30,30],0,0

現実的な演算時間で処理
する分割数は30程度

接近車両の速度（m/s）
/detectspeed.csv,1,[1,2],[30,30],0,0

ファイル名、無視する行、データを抽出する列、
分布の分割数、データフィルタの設定、
カーネル分布のバンド幅

simulation_t
を選択

出力ファイル名,[分割数],
dtの値,1,繰返し回数
例　pos,[30,30],0.1,45

▲ 図 11.35

　その際、１次元分布の時のように分布の分割数を 100 程
度にすると、かなりの演算時間になるので、ここでは 30
とした。時間積分が完了したら、その結果の分布と自車位
置分布を比較して、4.5 秒後の後続車位置が、自車位置に
追いつく確率を求める。その設定は図 11. 36 に示す。

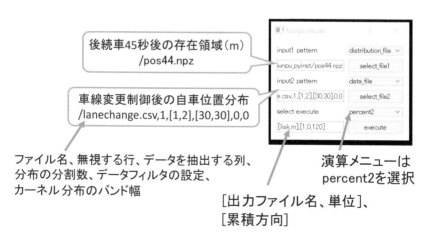

後続車45秒後の存在領域（m）
/pos44.npz

車線変更制御後の自車位置分布
/lanechange.csv,1,[1,2],[30,30],0,0

ファイル名、無視する行、データを抽出する列、
分布の分割数、データフィルタの設定、
カーネル分布のバンド幅

演算メニューは
percent2を選択

[出力ファイル名、単位]、
[累積方向]

▲ 図 11.36

その際、累積分布の累積方向として、ベクトル (1, 0) で角度範囲 120° とした。これは進行方向に向かって、±60° の範囲で累積を行う。この角度範囲を 120° としても良いし、ベクトルを (1, −1) で角度範囲 90° とすれば自車の左側から追い越していくような車両を除外した場合の接近確率となる。

　接近リスクを求めた結果を図 11. 37 と図 11. 38 に示す。

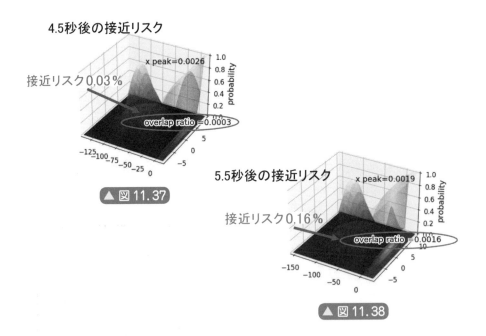

4.5秒後の接近リスク

x peak=0.0026

接近リスク0.03%

overlap ratio=0.0003

▲ 図 11. 37

5.5秒後の接近リスク

x peak=0.0019

接近リスク0.16%

overlap ratio=0.0016

▲ 図 11. 38

　4.5 秒後の接近リスクが図 11. 37 で 0.03% となっている。5.5 秒後の接近リスクは図 11. 38 で 0.16% となっている。どちらも 1 次元分布で求めたリスクに近い値になっているが、領域が多少異なるので多少の違いがある。

第11章 付録

分布の元になるデータを作成する

　本章では、演算対象となる分布を作成する元のデータをダミーデータとして与えたが、そのデータをどのように準備するかについて説明しておく。本章では以下のような12種類のデータを扱ったが、その中には統計データとして存在するデータを入手したり、みなさんが記録したものをそのまま電卓のインプットデータとして使えるもの（A）と、計測器などで測定して、その測定したデータから必要なものを抽出・加工することで使えるデータ（B）がある。

ハードの寿命設計

　　①作動頻度（回/km）
　　②生涯走行距離（km）

ソフト設計

　　③データ発生頻度（km/回）
　　④日当たり走行距離（km/日）
　　⑤データ吸上げまでの日数（日）

シミュレーション設計

　　⑥センサーが最初に検出した時点の接近車両の相対位置
　　　データ（m）
　　⑦その時の相対速度データ（m/s）
　　⑧車線変更制御が完了した後の自車位置データ（m）

毎月のガソリン代

　　⑨毎月の走行距離（km/月）
　　⑩毎月の燃費（リットル/km）

⑪ガソリン価格（円／リットル）

⑫ガソリン予算（円／月）月収の所定 %

以上は以下の2つに分類できる。

統計データなどをそのまま分布にするもの

      （A）：②、④、⑤、⑨、⑩、⑪、⑫

測定データから抽出・加工するもの

      （B）：①、③、⑥、⑦、⑧

  上記（A）のように入手したデータが羅列されているファイルをそのまま使えるものについては説明はいらないだろう。（B）のように、測定したデータから抽出・加工するものについては、どのような条件で抽出して処理したかを述べておく。ここで述べる抽出方法は、本章で説明した分布を作成するためのものである。みなさんが扱っている部品やシステムで測定データから様々な分布を作成するためには異なる条件を考える必要があるかもしれないので、これから説明することを、必要なデータ抽出するための参考にしてほしい。

  10章で説明した電卓にインプットするデータはテキストや csv ファイル（拡張子が .txt か .csv であるファイル）であるが、いずれもテキストエディターで開くと、データの羅列（数値が列として並んでいるもの）か、その羅列の各行がカンマ区切りで複数の数値が記述されたものが処理対象となる。csv ファイルをエクセルで開くと、カンマ区切りのデータが列として並んで表示される。電卓では、この列を指定して、その指定した列方向全てのデータが頻度分布を作成する対象となる。この対象のデータを計測器などで記録したものから抽出・加工する方法を述べる。

  計測器で測定されたデータは、計測器毎にそれぞれ独自のデー

タ形式で記録されるので、そのデータ形式が扱うことができる機器でないと処理できない。ところが多くの計測器はその独自のデータ形式を csv ファイルに変換して出力することができる。その csv ファイルをテキストエディターで開いてもらえば、最初に何行かの凡例やデータラベルなどがあり、そのあとにデータの羅列があるはずだ。そのデータは時系列に並んでおり、1 行に記録された複数の計測値がカンマ区切りで並んでいる。そのカンマ区切りで n 列目のデータを使うのであれば、0 から数えて $n-1$ 番目のデータとして抽出する。車両のデータであれば多くの場合、何万 km と走行したデータは膨大なファイル数になり、中間的なファイルに必要な情報だけを集めて 1 つのファイルにして、必要なデータに加工していく。

　最初に①③のように頻度の分布を作成するためのバラツキのデータについて述べる。部品やシステムの機能が単位距離（単位時間でもよい）あたりに何回作動するかといった作動頻度分布（1回作動するまでに走行する距離の様に、その逆数を含む）を求める場合には、その機能が作動したフラグ（または、判断対象となる数値データが所定条件を満たす時点）と距離などが時系列に記録されたデータから抽出する。そのフラグがオフからオンになった時点の距離データをリストアップして、隣り合う距離のデータの差から距離間隔を求めれば何 km 毎に作動したか、といった作動頻度分布のデータが求まる。**ここで注意すべきことは、必要な作動頻度分布が何であるかを良く考えることである。**

　例えば、③のデータであれば、データがメモリーに記録される頻度を前記のように求めて、それをそのまま使っても良いが、実際にはメモリーが全て記録されてさらに上書きされる頻度が知りたいので、必要な頻度として、上書きされるまでのメモリー 1 フレーム毎に平均した値のデータから分布を作成した方が良い。例

えば、メモリーフレーム数が10個だとすると、10回記録されるまでの合計距離を求めて、それを1/10とした平均作動頻度のデータの羅列を作って、そのデータから分布を作成する。

　次に①の場合、アクチュエータなどの生涯作動回数を求めるために生涯走行距離（km）と作動頻度（回/km）の積を計算する。したがって、必要な作動頻度とは、車両が生涯走行したときの平均的な作動頻度が全ての車両においてどの程度バラツクかといったデータがほしい。そのようなデータが市場データとして入手できれば、それでも良いが、筆者がかつて実施したときは市場データを集める仕組みがなかったので、様々な車種やドライバー、天候や道路環境、道路の種類など様々な条件別に走行したデータを集めて、トリップ毎（同じドライバーや車両で1回走行したケースを1トリップとする）に走行した頻度（トリップ中に作動した作動回数を走行距離で割った値）がどの程度バラツクかといったトリップ作動頻度の分布を作成した。さらにそのデータから、実際の市場における分布を把握するために、走った道路の種類や天候毎に分類して、それぞれの走行割合の統計データから重み付けした分布を作成して演算対象とした。

　⑥⑦⑧のデータは、ミリ波レーダなどが周辺車両を検出した前後距離や横方向の距離などの相対位置、前後や横方向の相対速度、前後や横方向の自車速（または加速度）などを時系列に記録されたデータから抽出する。その時系列のデータで、周辺車両を検出した、その距離が接近してくる場合の最初のデータ（特定車両を検出している間の最も遠距離のデータ）から相対位置データと相対速度データを抽出する。これを全ての検出した車両毎に一つずつ羅列したデータが⑥と⑦のデータである。その際、⑦の相対速度データはレーダの性能を示すものではないので、他のレーダのデータなどを含めた標準的なデータとした方が良い。また、

自車が車線変更を行う際のデータを集めて、車線変更を始めてから終わるまでの自車速変化や加速度から車線変更後の自車位置を算出したデータを集めて⑧のデータとする。

　以上のデータ抽出・加工は、少ないデータであれば Excel のようなソフトでも関数を駆使することで可能だが、大きなデータでは無理である。Python や Perl や AWK と言ったテキスト処理ができるプログラムを使うのが良い。そのプログラムで必要な条件を満足する行を探索して、その行の必要なデータを別のファイルに書き込んで、それを繰り返すことでデータの羅列を作成すればよい。ここではそのプログラミングについては詳しく説明しないが、みなさんいろいろ工夫してやってほしい。

　以上のデータを電卓で処理することで、そのデータ値の最小と最大の間を微小間隔で分割して、それぞれの分割に含まれるデータ値の発生頻度がカウントされて頻度分布（ヒストグラム）が求まる。この頻度分布をカーネル分布といった確率分布に変換して、演算対象となる分布として活用する。電卓では、上記のように 10 章付録で説明したフォーマットの分布を作成して演算対象とすることができる。

　最後に分布を作成する際に、注意することとして、データで分布を作成する場合には、与えられたデータから最小値と最大値が抽出されるが、その分布の最小値と最大値はそれなりに確からしい必要がある。例えば、データが少なくて、もっと小さい値が存在する可能性がある場合は、考えうる最小のデータを推定・追加しておいて、その影響を見ておくと良い。

この章のまとめ

- [ ] ハード設計、ソフト設計、システム設計に関する3つの設計例について説明。サンプルデータから分布を生成して、それらを演算する全体の演算フローと、演算を行う場合のツールの設定について説明した。

- [ ] ハード設計として、負荷が繰り返されることで破壊に至る製品の寿命保証を行う場合に、目標とする故障率を満足させるための評価条件の求め方を説明した。

- [ ] ソフト設計として、ランダムに発生するイベントを記録して、そのデータがランダムに吸い上げられる際に、上書きされない必要十分な条件を設計するための方法について説明した。

- [ ] システム設計として、車線変更制御を行う場合に、実環境にて検出された接近車両が、制御が完了するまでに接近しすぎる確率を求めるリスク設計について説明した。

引　用

論文

(1) 市場走行データを活用した設計方法 ,
Toyota Technical Review 2018/5 Vol64.p95

Design Method Using Real-World Vehicle Data,Toyota
Technical Review 2018/9 Vol64.p96（英語版）

https://www.kinokuniya.co.jp/f/dsg-08-EK-1141803

(2) ビックデータを活用した制御リスク設計 ,
自動車技術会 20 年秋季大会学術講演会

Risk design of control system utilizing big data,Society of
Automotive Engineers of Japan

https://www.jstage.jst.go.jp/article/jsaeronbun/52/1/
52_20214041/_article/-char/ja

(3) 確率分布ベクトル解析について、
情報処理学会第 83 回全国大会（2021 3/18）大会優秀賞

https://www.ipsj.or.jp/award/9faeag0000004emc-att/
1B-03.pdf

ダウンロードサイト

(4) 筆者サイト

https://github.com/skoike/bunpu

(5) 書籍サポートページ

https://gihyo.jp/book/2023/978-4-297-13300-9

あとがき

　本書の技術は、今までなかなか理解されてこなかった。わかりにくい技術ではあるが、なんでこんなに理解されないのだろうとずっと考えてきた。わかりにくいことは説明に問題があるとされ、過少評価されやすい。そしてそれは説明者の責任であると考える人が居る。その反対に、見えてないことにこそ重要なことがあると考える人も居る。後者は、見えないリスクに挑戦しようとするだろうが、前者は、わからないことに対して、理解するための努力や、投資を行うことは考えない。多少でも権限を持った人にとってはそのような考え方は普通のことで、そのような人たちにとってこの技術は、"もっとわかりやすい方法が他にあるだろう"とか"このような見えない部分にこだわる必要はない"と言った2つの意味合いで否定されてきたのだと思う。

　一方で、この慎重な考え方によって、多くの企業が国際競争で後塵を拝することになり、チャレンジする人材が居なくなり、社会環境が厳しくなると、組織や国の興亡に影響をあたえている。それでも、見えてないことを軽視する場面は多く、わかりやすい考え方や自分で確信を持てることだけにこだわりを持つことになる。現代の日本では、誰でもそのようになりがちなので、ここでは、その反対の見えないことを重視する価値観とは、どういったことで、どのような人たちが居て、その人達は何をしてきたかについて述べてみたい。

　見えないことを重視するとは、例えば、見えているものが美しいと感じる価値は、見えない本質にあり、美しいと感じるのは、過去に人々が積み重ねた本質的に良かった経験に対して、共通のパター

ンを見いだそうとする希望の機械的な学習結果であるといった考え方がある。具体的には、美人という価値は、その人の両親やパートナーが、その人をいつくしむ愛情と、その気持ちに応えたいという世代や性をまたいだ努力の積み重ねが生み出した価値である。その愛情や努力が本質であって、その営みが作り出した共通認識としてその姿が美しいと見えていると考えることが出来る。だからもしかしたら、そんな本質がなくなって人の愛情を吸収する為の抜け殻だけかもしれない。見えない本質が重要だというのは、そういったことを区別するモチベーションである。未来に対して価値があるのは、見えない本質の方だと思うが、過去の蓄積結果である共通認識は、多くの人々の共通基盤、つまり意欲を高めるための道具としての価値は大きい。道具というのはそれ自体に価値があるわけではなく、価値がある本質のために役立てるための存在である。本質的な価値と、道具としての価値を区別することは、幸福や成功のための前提条件だと思う。見えないことを重視する人は、道具を使って、本質である努力や愛情を更に積み重ねることに努めるだろう。見えている美しさだけを信じる人にとっては、その共通認識としての価値はプライドや意欲をかきたてるこやしである。

　別の例として、見えないところを重視するという考え方の有無を物語っている対照的な2人のプロ野球選手がいる。一人は三冠王を何度も取って監督としても素晴らしい成果を残した偉大な人、もう一人は高校や大学から華々しい成果を残してプロになったが、才能を伸ばせず、鳴かず飛ばず、で引退した選手。前者は、現役時代に球団の公開練習に参加しないで、練習はやらないと公言しながら、人に見えないところで誰よりも独自の練習をしていたと言われている。その人は、球団からは理解されなかったが、確実に成果を出していた。彼のことを理解できないでやめさせた球団は、その後は弱小球団になってしまった。後者は、練習は人が見えるところでや

287

るもの、アピールするものだと公言していた。プロ野球のような実力によって成果に大きな差がでる業界では、周りの人からは見えない、隠れた努力がモノを言う。人に見せることが重要でアピールしなければ意味がないと考えることは、見てほしいという欲求を強化することになり、他人にわかりにくい努力するということ自体に価値が見いだせなくなっていたのだと思う。努力は、人それぞれ違う独自のものなので、人からは理解されない行いである。努力して、実力がある人ほど、人から理解されることに時間を使いたくないと思うだろうし、結果を見ればわかるだろうという気持ちがある。アピールというのは、する方とされる方にモラルとバランスが求められる行いであり、それがくずれると間違った判断が横行するリスクが拡大する。

　同様に、20年以上前に私の上司だった方々にも同じように対照的な人達がいた。何年か前に亡くなられてしまった私のかつての上司で、自動車業界でも様々な貢献をされてきた人がいる。その人は、人の評価をする場合に、本人や周りの人があまり言わないことでも、時間をかけてとことん真実を見極めようとする人だった。その人の人事考課は時間がかかっていやがる人が多かったが人望があり、信頼できる人だった。その人が会社からいなくなって、その後々に私の上司になった人の中には、アピールしないことは評価しない、ということを公言する人が居て、深く見極めることもなく取り巻きの意見を聞いていたので、言ったもの勝ちの状況であったようだ。その時のことはここでは言えないが、見えないところで犯罪もどきなことが横行して、この本で説明した元の技術の成果は否定され、これがその後、この技術が何10年も封印されるきっかけとなった。見えないことを重視しているかどうかは、その人がその組織をどれだけ良くしようと思っていたとしても、人や組織の真の実力に大きな違いができてくる原因であると感じている。

先に、見えないものを軽視する人は、自分の見えるもの、つまり確信が持てる考え方にこだわりを持つ傾向があると言った。こだわりを持つことは大切だと思う人も多いかもしれないが、私はそうは思わない。自分のモチベーションを維持するため、筋を通すためにこだわりが必要だと思うかもしれないが、それはこだわり以外の可能性に思いをめぐらせて、間違っている可能性があれば反省してみる、という前提が必要だ。なぜなら、反省のないこだわりは、自分と異なる考え方を許容しない、歴史上の様々な不幸の原因であり、傲慢、偏見によって虐殺や侵略を生み出してきた諸悪と同根である。あらゆるルールや考え方には前提条件が存在しており、どんな時にでも正しいことなど存在しない。そういった意味で、改善や反省は重要なことだ。かつて釈迦は、入滅の時に最も重要なこととして、こだわりを持たないことを弟子たちに言い聞かせたと言われている。釈迦は自分の教えにたいしてもこだわってはいけないとした。私は釈迦の考え方に同意する。こだわりを持たないことが、幸せや、進歩をもたらすための前提条件である。反省のないこだわりに陥っている人は多い、我々がそのようにならない為に常に反省することだけでなく、そのような人を頼りになる人とだと誤解しないことが大切である。

　以上、見えないところを重視して努力すること、こだわりを捨てて反省・改善に努めること、について述べた。そういったことの先に様々なモラルがあることを想像してみてほしい。例えば、うそをつかないとか、自分のまわりを良くしよう、といったモチベーションの前提となる価値観である。様々な技術を使って、新しいものやサービスを提供することは、多くの背反を想定することと、それに対するモラルが必要である。

2023 年 1 月　小池 伸

索 引

Memo

著者プロフィール

小池 伸 (Koike Shin)

名古屋大学工学部卒業後、自動車会社に入
社。シャシー設計、技術企画、自動運転・
先進安全開発などの領域で車両制御、予防
安全、運転支援などのシステムや部品の製
品開発・設計や技術企画を経験し、現在は
領域の品質管理、知財管理などに従事。
愛知県在住。

◉ 本書に関する最新情報は，右の QR コードから
　書籍サポートページへアクセスのうえご覧ください．

◉ 本書へのご意見，ご感想は，以下の宛先へ書面にてお受けしております．
　電話でのお問い合わせにはお答えいたしかねますので，
　あらかじめご了承ください．

〒 162-0846　東京都新宿区市谷左内町 21-13
　株式会社 技術評論社 書籍編集部

バラツキの対処法
〜品質を最大限に引き出す数学〜

2023年3月3日　　初 版　第 1 刷発行

著　者　小池　伸
発行者　片岡　巌
発行所　株式会社技術評論社
　　　　東京都新宿区市谷左内町21-13
　　　　電話　03-3513-6150　販売促進部
　　　　　　　03-3267-2270　書籍編集部
印刷／製本　昭和情報プロセス株式会社

定価はカバーに表示してあります。

装丁、本文デザイン、DTP ▶ オフィスsawa

ISBN978-4-297-13300-9　　C3053
Printed in Japan